园林工程项目管理

主　编　徐云和　黄文盛

副主编　李　月

参　编　韩全威　陈绍宽

　　　　何　欣　尹诗路

北京理工大学出版社
BEIJING INSTITUTE OF TECHNOLOGY PRESS

内 容 提 要

本书为新形态精品教材，共有 3 个模块。模块一为园林工程施工组织，设置了 3 个学习情境，包括熟悉项目背景、整理前期资料，施工进度计划的编制，园林工程施工组织设计的编制；模块二为园林工程施工管理，设置了 6 个学习情境，包括施工进度控制方案的编制，成本管理计划的编制，劳动力需求计划的编制，施工质量、安全管理计划的编制，材料使用计划的编制，竣工验收及养护期管理；模块三为园林工程资料管理，设置了 10 个学习情境，包括工程资料分类、工程管理资料的收集与编制、施工管理资料的收集与编制、施工技术文件的收集与编制、施工物资资料的收集与编制、施工测量记录的收集与编制、施工记录的收集与编制、施工试验记录的收集与编制、施工质量验收记录的收集与编制、工程验收资料的收集与编制。

本书在编写过程中将真实的工程案例资料分别融入不同的学习情境中，可通过扫描二维码阅读工程资料，完成引导问题，便于理解，可操作性强。

本书适用于高等职业院校园林工程技术、园林技术、风景园林设计等专业，也可作为施工企业园林工程项目管理者的参考书。

图书在版编目（CIP）数据

园林工程项目管理 / 徐云和，黄文盛主编 .-- 北京：
北京理工大学出版社，2024.3
ISBN 978-7-5763-3776-1

Ⅰ. ①园… Ⅱ. ①徐… ②黄… Ⅲ. ①园林－工程施
工－项目管理 Ⅳ. ① TU986.3

中国国家版本馆 CIP 数据核字（2024）第 070988 号

责任编辑：武丽娟	文案编辑：武丽娟
责任校对：刘亚男	责任印制：王美丽

出版发行 /	北京理工大学出版社有限责任公司
社　　址 /	北京市丰台区四合庄路 6 号
邮　　编 /	100070
电　　话 /	(010) 68914026（教材售后服务热线）
	(010) 63726648（课件资源服务热线）
网　　址 /	http://www.bitpress.com.cn
版 印 次 /	2024 年 3 月第 1 版第 1 次印刷
印　　刷 /	河北鑫彩博图印刷有限公司
开　　本 /	787 mm×1092 mm　1/16
印　　张 /	13
字　　数 /	291 千字
定　　价 /	89.00 元

前言 PREFACE

党的二十大报告指出：我们要"统筹职业教育、高等教育、继续教育协同创新，推进职普融通、产教融合、科教融汇，优化职业教育类型定位""深化教育领域综合改革，加强教材建设和管理""推进教育数字化，建设全民终身学习的学习型社会、学习型大国"。二十大报告对高职教育发展提出了更高的要求，对于教材建设来说，则必须深化校企合作、紧贴企业实际，以工作任务确定学习任务，在任务中掌握知识技能。本书的建设在满足校内学生学习的同时，对社会上的相关人员也有一定的参考价值。

本书是新形态活页式教材，以园林工程施工企业实际工作环境为基础，实施深度企业调研，确定核心岗位，明确岗位职工的主要角色，归纳职业角色的典型工作过程，梳理每个典型工作环节的职业标准或职业要求，据此确定活页教材的内容来源。本书突出以下特点。

1. 选取真实案例，实践项目导向、任务驱动的教学设计

本书以一个真实、完整的工程案例"沈阳市某公园绿化改造工程"为背景，将全部的工程资料分别融入不同的学习情境中。每一个学习情境都是该工程案例的某一项工作，学习情境之间不再是零散、无关联的单独个体。这有利于学生对不同学习内容的串联衔接，知识技能的学习更有整体性。案例里面真实的资料信息可以引起学生的学习兴趣，激发探索的欲望，有利于学生更大限度地融入工程实际中。

本书共设置 3 个模块、19 个学习情境。学习情境的第一部分明确了该情境下的工作任务，以及与之相关的知识技能要求，工作任务围绕工程案例展开，提供该案例有关的工程信息。针对工作任务，设置了若干引导性问题，通过对这些问题的解答，学生对任务的理

解逐步加深，完成任务的思路也更加清晰透彻。任务完成后学生将依据评分表进行自评与互评，由教师给予反馈和指导。学生互评表包含了语言表达、小组成员间合作面貌、创新点等评分点，不再单独局限于对作品质量的考查，而是对学生知识、技能、职业素养等方面的综合评价。

本书每个模块结束后都设置有练习题，有助于学生对知识技能的强化。本书的部分内容包含在市政类二级建造师考试范围内，借鉴相关考试题目并做适当修改后，将其列入"思考与实训"题目，在提升技能水平的同时，也让学生对二级建造师考试有初步的认识。

2. 借助思维导图明晰知识技能体系

借助思维导图对每个模块中应学习的知识和技能进行排列、归纳与总结，构建出整个模块的知识技能系统化网络，直观易懂。学生可以在完成工作任务前对即将学习的知识技能框架有初步了解。在完成工作任务后，结合每个模块的模块小结进行体系架构回顾，强化已掌握的知识技能。

3. 课程思政引领的育人功能

党的二十大报告指出，要"以社会主义核心价值观为引领，发展社会主义先进文化，弘扬革命文化，传承中华优秀传统文化，满足人民日益增长的精神文化需求，巩固全党全国各族人民团结奋斗的共同思想基础，不断提升国家文化软实力和中华文化影响力"。

本书通过介绍"秦直道"工程，让学生了解古人对工程质量的极致追求，深入理解建设制造强国、质量强国、交通强国的号召；弘扬中华民族一丝不苟、吃苦耐劳的品质，培养学生精益求精的敬业态度，坚持发扬工匠精神，深化社会主义核心价值观教育。

本书坚持将立德树人作为根本任务。通过了解北京三元桥改造工程，学生将感受到项目管理的重要作用，感受我们国家社会主义制度的强大优势与先进性。培养学生热爱祖国、热爱社会主义建设事业的情操，立志为实现中华民族伟大复兴的中国梦而努力奋斗。

本书配套网络课程资源建设，使用者可以在慕课（https://mooc.icve.com.cn）及爱课程（https://www.icourse163.org）网站搜索相关资源。后续我们将继续努力，早日开发出与本书配套的网络课程资源供读者使用。

本书由辽宁生态工程职业学院徐云和、黄文盛担任主编，由辽宁生态工程职业学院李月担任副主编，辽宁生态工程职业学院韩全威、陈绍宽，沈阳北和建设工程有限公司何欣，塔城职业技术学院尹诗路参与编写。具体编写分工为：徐云和负责全书的设计、统稿，以及学习情境一和学习情境二的编写；黄文盛负责学习情境三～学习情境五、学习情境七、学习情境八的编写；李月负责学习情境九～学习情境十三的编写；韩全威负责习情境十四～学习情境十七的编写，并提供了全部的工程资料；陈绍宽负责学习情境十八的编写，并参与了工程资料审核工作，提出了大量有益的建议；何欣负责学习情境六的编写，并负责课后习题的编写；尹诗路负责学习情境十九的编写。

本书在编写过程中参考了相关专业书籍和资料，在此一并向有关作者深表谢意。对学校各级领导、教师在本书编写和出版过程中给予的支持关心及指导，以及北京理工大学出版社编辑对本书出版付出的辛勤劳动，在本书出版之际也向他们表示诚挚的谢意。

由于编者对职教教改的理解和教学经验有限，加之编写时间仓促，书中难免存在疏漏之处，恳请各位读者批评指正，请将您的宝贵意见发送至邮箱：12084721@qq.com，以便再版时修订和完善。

编　者

目录
CONTENTS

模块一　园林工程施工组织

>> **先导案例**

　　本书以真实的园林工程项目(以下简称本项目)为背景贯彻全书始终。关于该项目的基本信息,可以扫描右侧二维码进行阅览。

码模块一:
先导案例

　　通过经营部门同事的努力,本项目已经中标,施工项目部可以接手后续工作,但并不能马上进入施工阶段,而是要做一些前期的施工准备。本项目的前期准备工作有哪些?里面涉及哪些知识技能?这些问题都将在本模块中得到解答。

>> **思维导图**

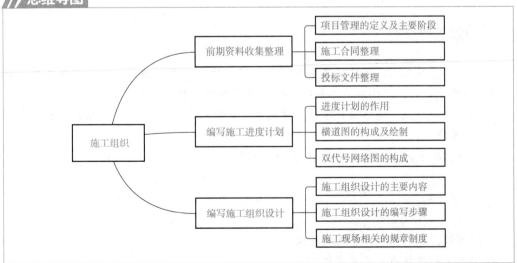

>> **学习目标**

知识目标

1.掌握园林工程招投标流程及相关基本知识。

2. 掌握施工合同及施工组织设计的主要内容。

3. 熟悉施工进度计划图的编制方法。

能力目标

1. 能读懂园林工程施工合同，参与施工合同的签署。

2. 能运用园林工程管理的知识和方法，进行施工现场人力、物力等的组织与协调。

3. 能比较熟练绘制横道图。

4. 能分析施工进度拖延的原因，并能找出合理的赶工措施。

素质目标

1. 通过模拟项目部训练，培养学生具有协调甲方、监理单位及其他施工单位关系的能力。

2. 通过园林工程施工组织方案的设计，培养学生书写园林工程重要文件的能力、组织施工及管理的能力。

学习情境一

熟悉项目背景、整理前期资料

学习情境描述

(1)教学情境描述：园林施工企业在工程中标后就要进行相关的施工准备工作，在本学习情境中，学生以小组为单位将各项工程资料归纳整理，为后续施工做准备。

(2)关键知识点：园林工程项目管理的含义；招投标的定义；招投标的流程；工程合同的主要条款。

(3)关键技能点：工程资料信息的归纳整理。

学习目标

(1)掌握园林工程项目管理的含义。

(2)熟悉招投标的定义及流程。

(3)熟悉工程合同的主要条款。

(4)能根据已知信息归纳整理前期的工程资料。

园林施工企业中标后，施工项目部的人员在施工准备阶段对开工前有关的工程资料进行归纳整理。

任务分组

班级		组号		指导教师	
组长		学号			
组员	姓名			学号	

任务分工：

■ 获取信息

引导问题 1：扫描右侧二维码(码 1-1)，从图片中整理出所有的资料清单。

码1-1：
引导问题1

_____

_____

_____

引导问题 2：扫描右侧二维码(码 1-2)，阅读本工程项目施工合同，总结归纳施工合同的主要条款。

码1-2：
引导问题2

_____

_____

_____

【小提示】工程施工承包合同是工程建设单位(发包方)和施工单位(承包方)根据国家基本建设的有关规定，为完成特定的工程项目而明确相互间权利和义务关系的协议。施工合同一经签订，即具有法律约束力。合同有规范的文本格式，即填空式文本、提纲式文本、合同条件式文本和合同条件加协议条款式文本，我国制定并颁布了建设工程施工合同示范文本，该文本采用合同条件式文本。建设工程施工合同示范文本由协议书、通用条款、专用条款三部分组成，并附有承包人承揽工程一览表、发包人供应材料设备一览表、工程质量保修书3个附件。一份标准的施工合同由合同标题、合同序文、合同正文和结尾四部分组成。

工作计划(方案)

步骤	工作内容	负责人
1		
2		
3		
4		
5		
6		
7		

进行决策

(1)各小组派代表阐述自己小组的方案。
(2)各小组对其他小组的方案提出自己的看法。
(3)教师对各小组的完成情况进行点评，选出最佳方案。

工作实施

各小组整理归纳工程资料，列出清单。

评价反馈

学生自评表

任务	完成情况记录
是否按计划时间完成	
相关理论完成情况	
技能训练情况	
材料上交情况	
收获	

序号	评价内容	小组互评	教师评价	总评
1	任务是否按时完成			
2	材料完成上交情况			
3	作品质量			
4	语言表达能力			
5	成员间合作面貌			
6	创新点			

相关知识点

　　园林工程属于市政工程，是人们运用工程技术手段和艺术手法，通过对园林各个设计要素的施工，建成优美的自然环境和游憩境域的工程实施过程。

　　园林工程项目管理是园林施工企业在工程承包合同所规定的范围内，对工程项目的各项活动进行方案编制、执行、控制等，通过相应的管理手段达到建设要求，获得预期的环境效益、社会效益与经济效益。

　　对于园林施工企业来说，园林工程项目管理的全过程可分为以下 5 个阶段：

　　(1)投标、签约阶段。业主单位对园林项目进行设计和建设准备，具备了招标条件以后，便发出招标广告或邀请函，施工单位见到招标广告或邀请函后，从中作出投标决策至中标签约，实质上就是在进行施工项目的工作。这是施工项目寿命周期的第一阶段，可称为立项阶段。本阶段的最终管理目标是签订工程承包合同。这一阶段主要进行以下工作。

　　1)园林施工企业从经营战略的高度作出是否投标争取承包该项目的决策。

　　2)决定投标以后，从多方面(企业自身、相关单位、市场、现场等)掌握大量信息。

　　3)编制既能使企业盈利，又有竞争力，且可以中标的投标书。

　　4)如果中标，则与招标方进行谈判，依法签订工程承包合同，使合同符合国家法律法规和国家计划，符合平等互利、等价有偿的原则。

　　工程投标是园林施工企业非常重要的工作任务，也是获得工程项目最重要的途径。招投标过程中的三个主要阶段是招标、投标、定标。其中，定标是核心环节。投标工作涉及查阅招标信息、报名、制作标书等。详细内容可扫描右侧二维码(码 1-3)进行《园林工程预算与招投标》(曹冰)课程相关知识的学习。

码1-3：
相关知识点

　　(2)施工准备阶段。施工单位与招标单位签订了工程承包合同，交易关系正式确立以后，便应组建项目经理部，然后以项目经理部为主，与企业经营层和管理层、业主进行配合，进行施工准备，使工程具备开工和连续施工的基本条件。这一阶段主要进行以下工作。

　　1)成立项目经理部，根据工程管理的需要建立机构，配备管理人员。

　　2)编制施工组织设计，主要是施工方案、施工进度计划和施工平面图，用以指导施工准备和施工。

3)制订施工项目管理规划,以指导施工项目管理活动。

4)进行施工现场准备,使现场具备施工条件,有利于进行文明施工。

5)编写开工申请报告,待批开工。

(3)施工阶段。施工阶段是自开工至竣工的实施过程。在这一阶段中,项目经理部既是决策机构,又是责任机构。经营管理层、业主、监理单位的作用是支持、监督与协调。这一阶段的目标是完成合同规定的全部施工任务,达到验收、交工的条件。这一阶段主要进行以下工作。

1)按施工组织设计的安排进行施工。

2)在施工中努力做好动态控制工作,保证质量目标、进度目标、造价目标、安全目标、节约目标的实现。

3)管理好施工现场,实行文明施工。

4)严格履行工程承包合同,处理好内外关系,管理好合同变更及索赔。

5)做好原始记录、协调、检查、分析等工作。

(4)竣工验收与结算阶段。竣工验收与结算阶段可称为结束阶段,与建设项目的竣工验收阶段协调同步进行,其目标是对项目成果进行总结、评价,对外结清债权债务,结束交易关系。这一阶段主要进行以下工作。

1)为保证工程正常使用而作必要的技术咨询和服务。

2)进行工程回访,听取使用单位意见,总结经验教训,观察使用中的问题,进行必要的维护、维修和保修。

3)在预验的基础上接受正式验收。

4)整理、移交竣工文件,进行财务结算,总结工作,编制竣工总结报告。

5)办理工程交付手续。

6)项目经理部解体。

(5)用后服务阶段。用后服务阶段是园林工程施工管理的最后阶段,即在交工验收后,按合同规定的责任期进行的养护管理工作。其目的是保证使用单位正常使用,发挥效益。这一阶段主要进行以下工作:

1)为保证工程正常使用而做好工程养护工作和必要的技术咨询。

2)进行工程回访,听取使用单位意见,总结经验教训,进行必要的养护、维修和管理。

学习情境二

施工进度计划的编制

学习情境描述

(1)教学情境描述:编写施工进度计划是施工准备工作的重要内容。各小组依据施工图纸、工程定额等材料，编写本工程项目的施工进度计划，绘制横道图。

（2）关键知识点：横道图的概念；绘制横道图的步骤；横道图的优点、缺点；双代号网络图的组成。

（3）关键技能点：横道图的绘制。

学习目标

（1）掌握横道图的概念。

（2）熟悉进度计划在施工中的作用。

（3）熟悉双代号网络图的组成及绘制原则。

（4）能比较熟练绘制横道图。

任务书

依据给出的工程资料，完成本项目横道图的绘制。

任务分组

班级		组号		指导教师	
组长		学号			
组员	姓名			学号	

任务分工：

获取信息

引导问题1：扫描右侧二维码（码2-1），观察工程量清单列表，列出本项目的施工内容。

码2-1：
引导问题1

_____

_____

_____

【小提示】划分依据不同，园林工程有着不同的分类方式。

按园林工程施工技术要素划分，可分为土方工程、基础工程、砌筑工程、混凝土工程、装饰工程、栽植工程、绿化养护工程等；按涵盖内容的多少，可分为单项工程、单位工程、分部工程、分项工程、检验批。

为了更精确地掌握并控制施工进度，在横道图的绘制过程中，一般以分部分项工程为划分依据，总结归纳施工内容。

引导问题 2：扫描右侧二维码(码 2-2)，结合《园林绿化工程计价定额》，计算每项工作所需的劳动量工日数(保留 1 位小数)，计算结束后将工程内容归纳整理，填写表 2-1。

码2-2：
引导问题2

表 2-1　工程量统计表

序号	工程名称	工日数
1	地形	
2	路基	
3	乔灌木	
4	水池	
5	亭子	
6	花架	
7	树池	
8	路面	
9	草坪	

引导问题 3：假设表 2-1 中路面的工日数为 600 天，采用一班制施工，每班工人数量为 20 人。如果同时安排 3 个施工段，那么每天需要多少工人？该路面施工的持续时间是多少天？

_____

_____

工作计划(方案)

步骤	工作内容	负责人
1		
2		
3		
4		
5		
6		
7		

进行决策

(1)各小组派代表阐述自己小组的方案；

(2)各小组对其他小组的方案提出自己的看法；

(3)教师对各组的完成情况进行点评，选出最佳方案。

工作实施

(1)各小组按照自己的方案实施——绘制横道图。根据"引导问题2"得到的结果，已知该部分工程工期为60天，每项工程工人数均为7人，各小组据此条件绘制横道图。各小组应准备好的工具材料有施工图、《园林绿化工程计价定额》、直尺、计算器等。

(2)绘制横道图的步骤。

1)确定工种。一般要按施工顺序，作业衔接客观次序排列，可组织平行作业，但最好不安排交叉作业。项目不得疏漏也不得重复。

2)根据工程量和相关定额及必需的劳动力，加以综合分析，制订各工序的工期并安排施工进度，可视实际情况增加机动时间，但要满足工程总工期要求。

3)用线框在相应栏目内按时间起止期限绘制成图表，需要清晰准确。

4)绘制完毕后，要认真检查，看是否满足总工期需要。

评价反馈

学生自评表

任务	完成情况记录
是否按计划时间完成	
相关理论完成情况	
技能训练情况	
材料上交情况	
收获	

学生互评表

序号	评价内容	小组互评	教师评价	总评
1	任务是否按时完成			
2	材料完成上交情况			
3	作品质量			
4	语言表达能力			
5	成员间合作面貌			
6	创新点			

一、横道图

施工进度计划是用图表的形式表明一个拟建工程从施工准备到开始施工，直至全部竣工的施工内容，以及各施工过程在时间和空间上的安排与相互间的搭接及配合关系。横道图是施工进度计划常用的图表形式。

1. 横道图的概念

横道图是以横向线条结合时间坐标表示各项工作施工的起始点和先后顺序的，整个计划由一系列的横道组成(表 2-2)。它是一种最直观的工期计划表示方法。

表 2-2　园林绿化工程施工横道图

工作内容	持续时间	1~5	6~10	11~15	16~20	21~25	26~30
施工准备	5 天	▬					
整理地形	10 天		▬▬▬				
定点放线	5 天		▬				
乔木栽植	10 天				▬▬		
灌木栽植	8 天				▬		
园路铺装	5 天					▬	
草坪铺设	5 天						▬

2. 横道图施工进度计划编制基本要求

(1)工序划分要科学准确。工序划分是编制横道图施工进度计划的第一步，划分的技术依据是工序搭接情况、施工流程是否顺畅、人力机械材料进场先后关系、工期要求等。不同的施工要素其工序应有差别，但都要注意前后工序的逻辑关系，不得越过某节点来回式划分工序。

(2)充分考虑施工工期与工程量的关系。工程量需要作业定额来反映，从工程量清单中分析工程量可能需要的时间长短，再将施工时间融入，确定好施工起止时间，每个工序所花时间点不能交叉。

(3)右边的时间线条或时间线框与左边起止时间要相吻合，不得有偏差。各施工节点所用时间与线框表示的线框长短需相同。

(4)重点工序管理要标记清楚。在计划表中要将某些特别重要的施工节点或工序用特别的色彩标示清楚，也可用特殊符号标明。这样，有利于进行重点管理和进度控制。

(5)要有计划说明标志。一般在计划表下方或在表内另起一栏将进度计划做必要的说明，如什么时候开展每次施工检查，什么时候进行中间检查等，这些重要时间点最宜采用彩色线条在表中标出。

3. 横道图的编制

(1)确定施工项目。先按照施工图纸和施工顺序将拟建工程的各个施工过程列出，并结合施工方法、施工条件等因素加以适当调整，使其成为编制施工进度计划需要的施工项目。施工进度计划表中所列的施工项目（分部分项工程名称）一般包括直接在现场施工的分部分项工程，不包括场外预制加工构件的制作和运输工作。但是现场就地预制的构件及构件拼装等工作，由于它们单独占有工期，而且对其他分部分项工程的施工有影响，也需要将这些项目列入进度计划。施工项目的划分主要考虑下述要求。

1）施工项目划分粗细要求。施工项目划分的粗细程度主要取决于客观需要。一般来说，编制控制性施工进度计划时，项目可划分粗一些，一般只列出施工阶段及各施工阶段的分部工程名称。编制指导性施工进度计划时，项目则要分得细一些，特别是其中主导工程和主要分部工程，应尽量做到详细具体、不漏项，这样便于掌握施工进度，指导施工。

2）划分施工项目，要结合施工方案选择要求。施工方案中确定的施工开展程序、施工阶段划分、施工阶段各项主要施工工作及其施工方法，不仅关系到施工项目的名称、数量和内容的确定，而且影响施工顺序的安排，因为施工进度表中项目顺序的排列基本上是按照施工先后顺序列出的。

3）适当合并项目，简化施工进度内容的要求。施工项目划分得太细，重点不突出，反而失去指导施工的意义，同时加大编制施工进度计划的困难。因此，可考虑将某些分项工程或施工过程合并到主要分部分项工程中去。对次要的施工过程，或在同一时间由同一班组施工的施工项目，可以合并在一起。对于次要、零星的分项工程，不必分项列出。

4）现浇钢筋混凝土的列项要求。根据施工组织和结构特点，一般可分为支模板、绑扎钢筋、浇筑混凝土等施工项目。但对现浇工程量不大的钢筋混凝土工程一般不再细分，可合并为一项，由施工班组各工种相互配合施工。

5）施工新项目排列顺序的要求。确定的施工项目，应按拟建工程总的施工工艺顺序要求排列，即先施工的排前面，后施工的排后面。以便编制单位施工进度计划时，做到施工先后有序，编排横道进度线时做到图面清晰。

（2）计算工程量。工程量的计算应根据施工图和工程量计算规则进行。编制施工进度计划前已有工程预算文件，并且它采用的定额和项目的划分与施工进度计划一致时，可以直接利用预算的工程量，不必重新计算。若某些项目有出入，但出入不大时，要结合工程项目实际划分的需要进行必要的变更、调整和补充。计算工程量时，应注意以下几个问题。

1）各分部分项工程的计量单位应与现行的相应定额手册中所规定的单位一致，以便计算劳动量、材料、机械台班数量时直接套用定额，以免进行换算。

2）要结合各分部分项工程的施工方法和安全技术要求计算工程量。例如，土方开挖应考虑基础挖方的施工方法和保证边坡稳定的放坡要求。

3）结合施工组织的要求，分区、分段计算工程量。

（3）确定劳动量和机械台班数量。根据各分部分项工程的工程量、施工方法和有关主管部门颁发的定额，并参照施工单位的实际情况，计算各施工项目所需要的劳动量和机械台班数量。

（4）初排施工进度。上述各项计算内容确定后，开始设计施工进度。编制进度时，必须考虑各分部分项工程的合理施工顺序，应力求同一施工过程连续施工，将各个施工阶段最大限度搭接起来，以缩短工期。对某些主要工种的专业工人应力求使其连续工作。

编排进度时，应先分析施工对象的主导工程，即采用主要的机械、耗费劳动力及工时最多的工程。要安排好主导工程的施工进度，尽量采用分层分段流水作业组织施工，以保证连续施工，尽可能予以配合、穿插、搭接或平行作业。此外，每个施工阶段有其本阶段内的主导工程，均应在本阶段控制工期内优先安排好。

编排进度时，可先制订各施工阶段的控制性计划，在控制性计划的基础上，再按施工程序，分别安排各个施工阶段内各分部分项工程的施工组织和施工顺序及其进度，并按相邻施工阶段内最后一个分项工程和接着进行的下一施工阶段的最先开始的分项工程，使其相互之间最大限度搭接，汇总成整个单位工程进度计划的初步方案。

（5）施工进度计划的检查和调整。施工进度计划初步方案确定后，应根据上级要求合同规定、经济效益及施工条件等，先检查各施工项目之间的施工顺序是否合理、工期是否满足要求、劳动力等资源需要量是否均衡，然后进行调整，直至满足要求，最后编制正式施工计划。

1）施工顺序的检查和调整。施工进度安排的顺序应符合园林工程施工的客观规律，并应从技术上、工艺上、组织上检查各个施工项目安排是否正确合理，如有不当之处，应予以修改或调整。

2）施工工期的检查与调整。施工进度计划安排的施工工期首先应满足上级规定或施工合同的要求；其次应有较好的经济效益，即安排工期要合理，并不是越短越好。当工期不符合要求时，应进行调整。

园林工程施工是一个复杂的工作过程，受很多客观因素影响。因此，在施工过程中应时刻掌握动态变化，及时对施工进度作出调整，保证工程的顺利进行。

4. 横道图的优点、缺点

（1）优点。

1）比较容易编制，简单、明了、直观、易懂。

2）结合时间坐标，各项工作的起止时间、作业持续时间、工程进度、总工期都能一目了然。

3）流水情况表示清楚。

（2）缺点。

1）方法虽然简单也较直观，但是它只能表明已有的静态状况，不能反映出各项工作间错综复杂、相互联系、相互制约的生产和协作关系。

2）反映不出哪些工作是主要的，哪些生产联系是关键性的，也就无法反映出工程的关键所在和全貌。

二、双代号网络图

双代号网络图又称箭线式网络图，是以箭线及其两端节点的编号表示工作，节点表示工作的开始或结束，以及工作之间的连接状态。双代号网络图中每项工作均用一根箭线和两个节点表示，箭线两端点编号用以表明该箭线所表示的工作，故称双代号网络图(图 2-1)。

箭线前端称为箭头，后端称为箭尾，箭头表明工作结束，箭尾表明工作开始，箭线上方填写工作名称，下方填写完成该工作所需的时间。

图 2-1　双代号网络图

1. 双代号网络图的组成

双代号网络图由箭线(工作)、节点、线路三个基本要素组成。

(1)箭线。双代号网络图中一根箭线表示一项工作。工作是指园林工程中某项按实际需要划分的工作项目，如挖路槽、施工放线等。

1)工作(过程、活动)是指可以独立存在，需要消耗一定时间和资源，能够定以名称的活动。凡消耗时间和资源的工作称为实工作，其箭线为实线；既不消耗资源也不消耗时间的工作称为虚工作，其箭线为虚线，仅表示相邻工作间的逻辑关系。

2)工作间的相互关系。如果将某工作称为本工作，那么紧靠其前的工作就称为紧前工作，而紧靠其后的工作就称为紧后工作，与之平行的工作称为平行工作。由本工作至起点节点间的所有工作称为先行工作；由本工作至终点节点间的所有工作称为后续工作。

(2)节点。节点是网络图的箭杆进入或引出处带有编号的圆圈。它表示其前面若干项工作的结束或表示其后面若干项工作的开始。

1)节点特点。

①它不消耗时间和资源。

②它标志着工作的结束或开始的瞬间。

③两个节点编号表示一道工作。

2)节点种类。节点为两道工作交接的点，它表示前一道工作的结束，同时，也表示后一道工作的开始。

在网络图中，第一个节点称为起点节点，最后一个节点称为终点节点。针对某工作而言，箭尾节点称为开始节点，表明该工作的开始；箭头节点称为结束节点，表明该工作的完结(图 2-2)。

图 2-2　节点的含义

3)节点编号。

①不允许重复编号。

②箭尾编号必须小于箭头编号，即 $i < k < l$。

(3)线路。双代号网络图中从起点节点开始，沿箭线方向顺序通过一系列箭线与节点，最后到达终点节点的通路称为线路。一个网络图中会有若干条线路，每条线路上所包含的工作不同，因此，每条线路所消耗的时间也不同。消耗时间最长的线路称为关键线路，关键线路上的工作称为关键工作，对关键工作应加以重点管理。

2. 双代号网络图的绘制原则(图 2-3 为错误案例示意)

(1)同一对节点之间，不能有两条以上的箭线。网络图中进入节点的箭线允许有多条，但同一对节点进入的箭线则只能有一条[图 2-3(a)]。

(2)网络图中不允许出现封闭循环回路[图 2-3(b)]。

(3)网络图中不得出现双向箭头和无箭头线段[图 2-3(c)]。

(4)一个网络图中只允许有一个起点和一个终点[图 2-3(d)、(e)]。

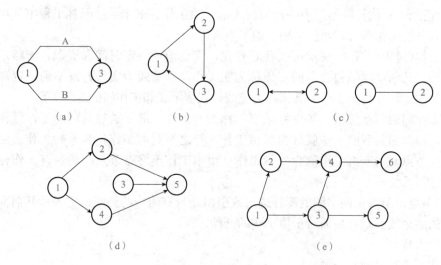

图 2-3　错误案例示意

学习情境三

园林工程施工组织设计的编制

学习情境描述

(1)教学情境描述：在正式施工前的准备阶段，施工单位应完成施工组织设计的编写。在编写前应充分熟悉施工图纸，领会设计意图；组织人员进行现场勘查，核实图纸内容与场地现状，收集并分析自然条件和技术经济条件资料。在本学习情境中，各小组根据要求，完成施工组织设计中进度计划、施工组织、施工现场平面图绘制等内容的编写。

(2)关键知识点：施工组织设计的主要内容；施工组织设计的编制依据和程序；施工组织设计的作用和分类；现场平面布置图的设计方法；现场管理的规章制度。

(3)关键技能点：施工组织设计的编写；现场平面布置图的绘制。

学习目标

(1)掌握现场平面布置图的绘制方法。

(2)掌握施工组织设计的主要内容。

(3)熟悉现场管理相关的规章制度。

(4)能依据要求编写施工组织设计。

任务书

完成《沈阳市×××公园改造工程》园路工程施工组织设计的编写。

任务分组

班级		组号		指导教师	
组长		学号			
组员	姓名			学号	

任务分工：

获取信息

引导问题 1：扫描右侧二维码(码 3-1)，阅读其中的内容后回答问题：施工组织设计编写的依据有哪些？

码3-1：
引导问题1

_____

_____

_____

_____

引导问题2：扫描右侧二维码(码3-2)，阅读其中的内容后回答问题：施工项目部的主要管理人员有哪些？其中技术工程师的职责是什么？

码3-2：
引导问题2

_____

_____

引导问题3：施工组织设计的主要内容有哪些？

_____

_____

【小提示】园林工程施工组织设计作为一个指导园林工程施工的技术性文件，对拟建工程的施工提出全面的规划、部署，其编写依据除必要的客观因素外，施工企业的施工经验也是必不可少的，这些经验更加鲜活且贴合工程实际。

工程项目部的管理人员按照工作职能各司其职。在实际工作中，根据具体情况的不同，往往也会有一人身兼数职的现象发生。这就对工作人员的工作能力和综合素质有了更高的要求。

个人综合能力的提升，一定是需要自己不断地刻苦努力才能成功的。对于刚入职场的年轻人来说，要心中有理想，脚下走实地，踏实走好每一步。

引导问题4：图3-1、图3-2、图3-3是本工程项目园路工程的施工图，也可扫描二维码(码3-3)阅览图纸。请根据图纸在横线处写出施工流程。

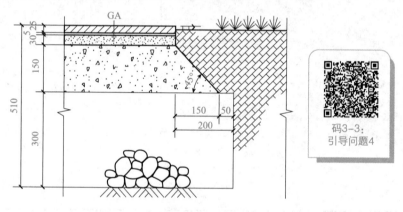

码3-3：
引导问题4

图3-1　道路剖面图

表3-1为道路构造表。

表3-1　道路构造表

单位：mm

编号	名称	面层	结合层	找平层	垫层	防冻层	基土层
GA	机加花岗石板	花岗石板厚25，素水泥浆擦缝，低于板面3 mm	1∶1水泥砂结合层厚5	1∶5干硬性水泥砂浆找平层厚30	C20混凝土厚150	天然级配砂石厚300（粒径40~60，机械碾压，密实度大于或等于95%）	原土夯实，素土回填（机械碾压，密实度大于或等于95%）
GB	烧结压力砖	烧结砖厚60，砂子扫缝	中砂垫层50		C20混凝土厚150	天然级配砂石厚250（粒径40~60，机械碾压，密实度大于或等于95%）	

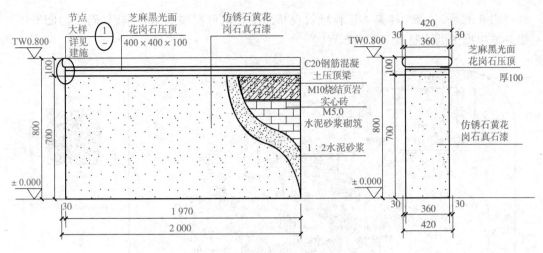

图 3-2 景墙立面图

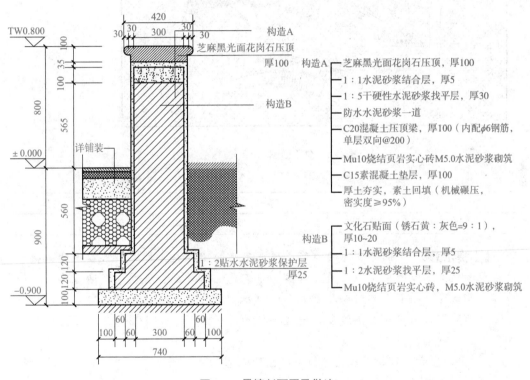

图 3-3 景墙剖面图及做法

构造A
- 芝麻黑光面花岗石压顶，厚100
- 1∶1水泥砂浆结合层，厚5
- 1∶5干硬性水泥砂浆找平层，厚30
- 防水水泥砂浆一道
- C20混凝土压顶梁，厚100（内配φ6钢筋，单层双向@200）
- Mu10烧结页岩实心砖M5.0水泥砂浆砌筑
- C15素混凝土垫层，厚100
- 厚土夯实，素土回填（机械碾压，密实度≥95%）

构造B
- 文化石贴面（锈石黄：灰色=9∶1），厚10~20
- 1∶1水泥砂浆结合层，厚5
- 1∶2水泥砂浆找平层，厚25
- Mu10烧结页岩实心砖，M5.0水泥砂浆砌筑引导问题5：图3-4是本工程项目现状总图，也可扫描右侧二维码(码3-4)阅览图纸。请根据图纸绘制施工平面布置图。

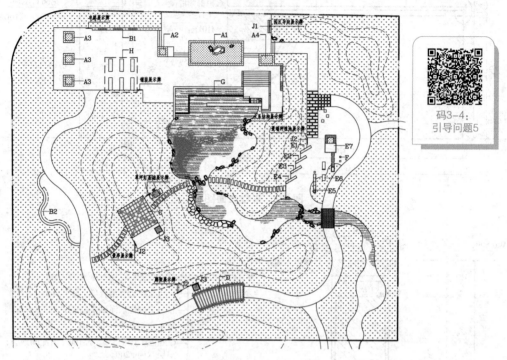

图3-4　总平面图

【小提示】施工平面布置图的作用是用来正确处理在施工期间所需各项设施和永久建筑物之间的空间关系，按施工方案和施工总进度计划合理规划交通道路、材料仓库、附属生产企业、临时房屋建筑和临时水、电管线等，指导现场文明施工。施工平面布置图按规定的图例绘制，一般比例为1：200或1：500。它一般包括以下内容。

（1）整个建设项目的建筑总平面图，包括地上、地下建筑物和构筑物、道路、各种管线测量基准点等的位置和尺寸。

（2）一切为工地施工服务的临时性设施的布置，包括以下8项。

1）施工用地范围，施工用的各种道路。

2）加工厂、制备站及有关机械化装置，车库、机械的位置。

3）各种园林建筑材料、半成品、构件的仓库。

4）行政管理用房、宿舍等。

5）水源、电源、临时给水排水管线和供电动力线路及设施。

6）一切安全、防火设施。

7)特殊图例、方向标志、比例尺等。

8)永久性及半永久性坐标的位置。

工作计划(方案)

步骤	工作内容	负责人
1		
2		
3		
4		
5		
6		
7		

进行决策

(1)各小组派代表阐述自己小组的方案。

(2)各小组对其他小组的方案提出自己的看法。

(3)教师对各小组的完成情况进行点评,选出最佳方案。

工作实施

(1)各小组按照自己的方案编写园路工程施工组织设计。各小组应准备好的施工资料包括施工图、投标文件、施工合同、已编制好的施工进度计划、总平面布置图、主要工程的施工流程等。

(2)编写施工组织设计的步骤。

1)编制前的准备工作,包括熟悉施工图,收集自然条件和技术经济条件资料等。

2)将工程合理分项,根据要求确定工期(已知园路面积为 200 m²,工期为 30 天)。

3)确定施工部署、施工方法。

4)编制施工进度计划。

5)制订施工必需的设备、材料、劳动力计划。

6)布置临时设施、做好"四通一平"工作。

7)编制施工准备工作计划。

8)绘制施工平面布置图。

9)计算技术经济指标,确定劳动定额(园路工程所需工人数量为 5 人)。

10)拟订技术安全措施。

任务	完成情况记录
是否按计划时间完成	
相关理论完成情况	
技能训练情况	
材料上交情况	
收获	

学生互评表

序号	评价内容	小组互评	教师评价	总评
1	任务是否按时完成			
2	材料完成上交情况			
3	作品质量			
4	语言表达能力			
5	成员间合作面貌			
6	创新点			

■ 相关知识点

园林工程施工组织设计是用来指导园林工程施工的技术性文件。它以科学合理的施工方法和组织手段安排劳动力、材料、设备、资金和施工方法，以达到人力、物资、时间、空间等多方面的合理优化配置，保证施工任务顺利完成。

一、园林工程施工组织设计的作用

(1)通过施工组织设计的编制，可以全面考虑拟建园林工程的各种具体施工条件，扬长避短地制订合理的施工方案，确定施工顺序、施工方法、劳动组织和技术经济的组织措施，合理地拟订施工进度计划，保证拟建工程按期投产或交付使用。

(2)为拟建园林工程的设计方案在经济上的合理性、技术上的科学性和实施工程上的可能性进行论证提供依据。

(3)为建设单位编制基本建设计划和施工企业编制施工计划提供依据。施工企业可以提前掌握人力、材料和机具使用的先后顺序，全面安排资源的供应与消耗。

(4)可以合理地确定临时设施的数量、规模和用途，以及临时设施、材料和机具在施工场地上的布置方案。

(5)为检查验收施工目标提供标准，是建设单位和施工单位履行合同关系的主要依据。

二、施工组织设计的分类

施工组织设计按设计阶段、编制时间、编制对象范围、使用时间的长短和编制内容的繁简程度不同，有以下分类情况。

1. 按设计阶段的不同分类

(1)设计按两个阶段进行时，施工组织设计可分为施工组织总设计(扩大初步施工组织设计)和单位工程施工组织设计两种。

(2)设计按三个阶段进行时，施工组织设计可分为施工组织设计大纲、施工组织总设计和单位工程施工组织设计三种。

2. 按编制时间不同分类

施工组织设计按编制时间不同可分为投标前编制的施工组织设计(简称"标前设计")和签订工程承包合同后编制的施工组织设计(简称"标后设计")两种。

3. 按编制对象范围的不同分类

施工组织设计按编制对象范围的不同可分为施工组织总设计、单位工程施工组织设计、分部分项工程施工组织设计三种。

(1)施工组织总设计。施工组织总设计是以一个建筑群或一个建设项目为编制对象，用以指导整个建筑群或建设项目施工全过程的各项施工活动的技术、经济和组织的综合性文件。施工组织总设计一般在初步设计或扩大初步设计被批准之后，在总承包企业的总工程师领导下进行编制。

(2)单位工程施工组织设计。单位工程施工组织设计是以一个单位工程(如一个建筑物或构筑物)为编制对象，用以指导其施工全过程的各项施工活动的技术、经济和组织的综合性文件。单位工程施工组织设计一般在施工图设计完成后，在施工项目开工之前，由项目经理组织，在技术负责人领导下进行编制。

(3)分部分项工程施工组织设计。分部分项工程施工组织设计是以分部分项工程为编制对象，用以具体实施其施工全过程的各项施工活动的技术、经济和组织的综合性文件。分部分项工程施工组织设计一般是与单位工程施工组织设计的编制同时进行的，由单位工程的技术人员负责编制。

此外，施工组织设计按使用时间的长短不同，可分为长期施工组织设计、年度施工组织设计和季度施工组织设计三种；按编制内容的繁简程度不同可分为完整的施工组织设计和简单的施工组织设计两种。

不同的施工组织设计在内容和深度方面不尽相同。各类施工组织设计编制的主要内容，应根据建设工程的对象及其规模大小、施工期限、复杂程度、施工条件等情况决定其内容的多少、深浅、繁简程度。编制必须从实际出发，以实用为主，确实能起到指导施工的作用，避免冗长、烦琐、脱离施工实际条件。

三、施工组织设计的内容

施工组织设计的内容一般是由工程项目的范围、性质、特点和施工条件、景观要求来确定的。一般包括工程概况、施工方案、施工进度计划、施工现场平面布置图的绘制、劳动力资源、施工材料、施工机械设备、施工保障措施等。编制方法如下。

1. 工程概况

一般可在前言中概述工程概况，工程概况基本描述的目的是对工程基本情况进行简要说明，明确任务量及工程难易程度、质量要求等，以便合理制订施工方法、施工措施、施工进度计划和施工现场布置图。

工程概况应说明工程的性质、规模、建设地点、工期、施工和设计单位名称；施工现场地质土壤、水文等因子；施工力量和施工条件；材料来源与供应情况；"四通一平"条件；机械设备准备、临时设施解决方法、劳动力组织及技术协作水平等。

2. 施工方案

施工方案是依据工程概况，结合人力、材料、机械设备等条件，全面部署施工任务，安排总的施工顺序，确定主要工种工程的施工方法，针对施工项目可能采用的几种方案，进行定性、定量分析，通过技术经济评价选择最佳的施工方案。施工方案的制订要突出施工重点，成本控制要到位；要结合施工单位现有的技术力量、施工习惯、劳动组织特点等；要依据园林工程面积大的特点，充分发挥机械作业的多样性和先进性；要对关键工程的重要工序或分项工程、特殊结构工程及专业性强的工程等制订详细具体的施工方法。

3. 施工进度计划

依据工程工期目标制订横道图计划或网络图计划。

4. 施工现场平面布置图的绘制

施工现场平面布置图的绘制要注意以下几点。

（1）施工平面布置图一般要包含以下内容：工程施工范围、建造临时性建筑的位置、已有建筑物和地下管道、施工道路、进出口位置、测量基线及控制点位置、材料堆放点和机械安装地点、供水供电线路、泵房及临时排水设施、消防设施位置、仓库及易燃易爆物品堆放位置。

（2）依据原则。在满足现场施工的前提下，尽量减少占用施工用地，平面空间合理有序；要尽可能减少临时设施和临时管线，最好利用工地周边原有建筑做临时用房。临时道路要合理布置进出口，供水、供电线路应最短；要最大限度减少现场运输，尤其要避免场内多次搬运。道路要做环形设计，材料堆放点要利于施工，并做到按施工进度组织生产材料；要符合劳动保护、施工安全和消防的要求。场内各种设施不得有碍于现场施工，各种易燃、易爆和危险品存放要满足消防安全要求。对某些特殊地段，如易塌方的陡坡要做好标记并提出防范措施。

（3）注意修订。在实际工作中，有时要在施工组织过程中依据现场实际情况变化对部分场地进行平面布置的调整，以优化现场管理。

（4）绘制的步骤。

1）场外交通道路与场内布置。一般场地都有永久性道路，可提前修建为工程服务，但应恰当确定起点和进场位置。充分考虑道路转弯半径、跨路电线和坡度限制等，防止对后续车辆行驶造成影响。

2）仓库的布置。仓库的布置一般应接近使用地点，装卸时间长的仓库应远离路边，苗木假植地应靠近水源及道路旁。

3）加工厂和混凝土搅拌站的布置。加工厂和混凝土搅拌站的布置总的指导思想是应使材料和构件的货运量小，有关联的加工厂适当集中。锯材、成材、粗细木工加工间和成品堆场要按工艺流程布置，应设置在施工区的下风向边缘。

4）内部运输道路的布置。

①提前修建永久性道路的路基和简单路面为施工服务。

②临时道路要把仓库、加工厂、堆场和施工点贯穿起来。按货运量大小设计双行环干道或单行支线。道路末端要设置回车场。路面一般为土路、砂石路或礁碴路。

5）临时房屋的布置。

①尽可能利用已建的永久性房屋为施工服务，不足时再修建临时房屋。临时房屋应尽量利用活动房屋。

②工地行政管理用房宜设置在工地入口处。

③职工宿舍一般宜设置在场外，避免设置在低洼潮湿地及有烟尘不利于健康的地方。

④食堂宜布置在生活区，也可视条件设置在工地与生活区之间。

6）临时水电管网和其他动力设施的布置。

①尽量利用已有的和提前修建的永久线路。

②临时总变电站应设在高压线进入工地处，避免高压线穿过工地。

③临时水池、水塔应设在用水中心和地势较高处。管网一般沿道路布置，供电线路与其他管道设置在同一侧，主要供水、供电管线采用环状。

④管线穿路处均要套以铁管，埋入地下深度不小于 0.6 m。

⑤过冬的临时水管须埋在冰冻线以下或采取保温措施。

⑥排水沟沿道路布置，纵坡不小于 0.2%，过路处须设置涵管，在山地建设时应有防洪设施。

⑦消火栓间距不大于 120 m，距离拟建房屋不小于 5 m，不大于 25 m，距离路边不大于 2 m。

⑧各种管道布置的最小净距应符合相关规范的规定。

5. 主要技术经济指标

主要经济技术指标是对确定的施工方案及施工部署的技术经济效益进行全面的评价，用以衡量组织施工的水平。施工组织设计常用的技术经济指标有工期指标；劳动生产率指标；机械化施工程度指标，质量、安全指标；降低成本指标；节约"三材"（钢材、木材、水泥）指标等。

四、现场管理的规章制度（码3-5）

1. 基本要求

（1）园林工程施工现场门头应设置企业标志。承包人项目经理部应负责施工现场场容文明形象管理的总体策划和部署。各分包人应在承包人项目经理部的指导和协调下，按照分区划块原则，搞好分包人

码3-5：
相关知识点

施工用地区域的场容文明形象管理规划并严格执行。

（2）项目经理部应在现场入口的醒目位置，公示以下标牌。

1）工程概况牌包括工程规模、性质、用途、发包人、设计人、承包人、监理单位的名称和施工起止年月等。

2）安全纪律牌。

3）防火须知牌。

4）安全无重大事故计时牌。

5）安全生产、文明施工牌。

6）施工平面布置图。

2. 规范场容的要求

（1）施工现场场容规范化应建立在施工平面图设计的科学合理化和物料器具管理标准化的基础上。承包人应根据本企业的管理水平，建立和健全施工平面图管理与现场物料器具管理标准，为项目经理部提供场容管理策划的依据。

（2）项目经理必须结合施工条件，按照施工技术方案和施工进度计划的要求，认真进行施工平面图的规划、设计、布置、使用和管理。

（3）应严格按照已审批的施工平面布置图或相关的单位工程施工平面图划定的位置，布置施工项目的主要机械设备，脚手架，模具，施工临时道路，供水、供电、供气管道或线路，施工材料制品堆场及仓库，土方及建筑垃圾，变配电间，消火栓，警卫室，现场办公设施等。

（4）施工物料器具除应按施工平面图指定位置就位布置外，还应根据不同特点和性质生产、生活临时设施等。规范布置方式与要求，包括执行放码整齐、限宽限高、上架入箱、规格分类、挂牌标识等管理标准。砖、砂、石和其他散料应随用随清，不留料底。

（5）施工现场应设垃圾站，及时集中分拣、回收、利用、清运，垃圾清运出现场必须到批准的消纳场地倾倒，严禁乱倒乱卸。

（6）施工现场剩余料具、包装容器应及时回收，堆放整齐并及时清退。

（7）在施工现场周边应设置临时围护设施。市区工地的周边围护设施应不低于1.8 m。临街脚手架、高压电缆、起重把杆回转半径伸至街道的，均应设置安全隔离棚。危险品库附近应有明显标志及围挡措施。

（8）施工现场应设置畅通的排水沟渠系统，场地不积水、不积泥浆，保持道路干燥坚实，工地地面宜做硬化处理。

3. 施工现场环境保护

（1）施工现场泥浆和污水未经处理不得直接排入城市排水设施和河流、湖泊、池塘。

（2）禁止将有毒有害废物作土方回填。

（3）建筑垃圾、渣土应在指定地点堆放，每日进行清理。装载建筑材料、垃圾或渣土的车辆，应有防止尘土飞扬、撒落或流溢的有效措施。施工现场应根据需要设置机动车辆冲洗设施，冲洗污水应用处理。

（4）对施工机械的噪声与振动扰民，应有相应措施予以控制。

（5）凡在居民稠密区进行强噪声作业的，必须严格控制作业时间，一般不得超过22时。

（6）经过施工现场的地下管线，应由发包人在施工前通知承包人，标出位置，加以保护。施工时发现文物、古迹、爆炸物、电缆等，应当停止施工，保护好现场，及时向有关部门报告，按照有关规定处理后方可继续施工。

（7）施工中需要停水、停电、封路而影响环境时，必须经过有关部门批准，事先告示。在行人、车辆通行的地方施工，应当设置沟、井、坎、穴覆盖物和标志。

4. 施工现场安全防护管理

（1）料具存放安全要求。

1）长期存放的大模板必须用拉杆连接绑牢。没有支撑或自稳角不足的大模板，要存放在专用的堆放架内。

2）砖、加气块、小钢模码放稳固，高度不超过1.5 m。脚手架上放砖的高度不准超过三层侧砖。

3）存放水泥等袋装材料严禁靠墙码垛，存放砂、土、石料严禁靠墙堆放。

（2）临时用电安全防护。

1）临时用电必须按规范的要求做施工组织设计，建立必需的内业档案资料。

2）临时用电必须建立对现场线路、设施的定期检查制度，并将检查、检验记录存档备查。

3）临时配电线路必须按规范架设整齐，架空线必须采用绝缘导线，不得采用塑胶软线，不得成束架空敷设，也不得沿地面明敷设。施工机具、车辆及人员，应与内、外电线路保持安全距离，达不到规范规定的最小距离时，必须采用可靠的防护措施。

4）配电系统必须施行分级配电。各类配电箱、开关箱的安装和内部设置必须符合有关规定，箱内电气必须可靠完好，其选型、定值要符合规定，开关电器应标明用途。各类配电箱、开关箱外观应完整、牢固、防雨、防尘，箱体应外涂安全色标，统一编号，箱内无杂物。停止使用的配电箱应切断电源，箱门上锁。

5）独立的配电系统必须按标准采用三相四线制的接零保护系统，非独立系统可根据现场实际情况采取相应的接零接地保护方式。各种电气设备和电力施工机械的金属外壳、金属支架和底座必须按规定采取可靠的接零或接地保护。

6）手持电动工具的使用，应符合国家标准的有关规定。工具的电源线、插头和插座应完好。电源线不得任意接长和调换，工具的外绝缘应完好无损，维修和保护应由专人负责。

7）凡在一般场所采用220 V电源照明的，必须按规定布线和装设灯具，并在电源一侧加装漏电保护器。特殊场所必须按国家标准规定使用安全电压照明器。

8）电焊机应单独设开关。电焊机外壳应做接零或接地保护。一次线长度应小于5 m，二次长度应小于30 m，两侧接线应压接牢固，并安装可靠防护罩。

（3）施工机械安全防护。

1）施工组织设计应有施工机械使用过程中的定期检测方案。

2）施工现场应有施工机械安装、使用、检测、自检记录。

3）搅拌机应搭防砸、防雨操作棚，使用前应固定，不得用轮胎代替支撑。移动时，必须先切断电源。启动装置、离合器、制动器、保险链、防护罩应齐全完好，使用安全可靠。搅拌机停止使用料斗升起时，必须挂好上料斗的保险链。维修、保养、清理时必须切断电源，设专人监护。

4)机动翻斗车时速不超过5 km，方向机构、制动器、灯光等应灵敏有效。行车中严禁带人。往槽、坑、沟卸料时，应保持安全距离并设挡墩。

5)蛙式打夯机必须两人操作，操作人员必须戴绝缘手套和穿绝缘胶鞋。操作手柄应采取绝缘措施。夯机用后应切断电源，严禁在夯机运转时清除积土。

6)钢丝绳应根据用途保证足够的安全系统。凡表面磨损、腐蚀、断丝超过标准的，打死弯、断胶、油芯外露的不得使用。

(4)操作人员个人防护。

1)进入施工区域的所有人员必须戴安全帽。

2)凡从事2 m以上、无法采取可靠防护设施的高处作业人员必须系安全带。

3)从事电气焊、剔凿、磨削作业人员应使用面罩或护目镜。

4)特种作业人员必须持证上岗，并佩戴相应的劳保用品。

(5)施工现场的保卫、消防管理。

1)应做好施工现场保卫工作，采取必要的防盗措施。现场应设立门卫，根据需要设警卫。施工现场的主要管理人员在施工现场应当佩戴证明其身份的证卡，应采用现场施工人员标识。有条件时可对进出场人员使用磁卡管理。

2)承包人必须严格按照《中华人民共和国消防条例》的规定，在施工现场建立和执行防火管理制度，现场必须安排消防车出入口和消防道路，设置符合要求的消防设施，保持完好的备用状态。现场严禁吸烟，必要时设吸烟室。

3)施工现场的通道、消防入口、紧急疏散楼道等，均应有明显标志或指示牌。有高度限制的地点应有限高标志。

4)施工现场的材料保管，应依据材料性能采取必要的防雨、防潮、防晒、防冻、防火、防爆、防损坏等措施。植物材料应该采取假植的形式加以保管。

5)更衣室、财会室及职工宿舍等易发案部位要指定专人管理，制订防范措施，防止发生盗窃案件。严禁赌博、酗酒、传播淫秽物品和打架斗殴。

6)料场、库房的设置应符合治安消防要求，并配备必要的防范设施。职工携物出现场，要开出门证。

7)施工现场要配备足够的消防器材，并做到布局合理，经常维护、保养，采取防冻保温措施，保证消防器材灵敏有效。

8)施工现场进水干管直径不小于100 mm。消火栓处昼夜要设有明显标志，配备足够的水龙头，周围3 m内，不准存放任何物品。

(6)施工现场环境卫生和卫生防疫。

1)施工现场应经常保持整洁卫生。运输车辆不带泥沙出现场，并做到沿途不遗撒。

2)施工现场不宜设置职工宿舍，必须设置时应尽量和施工场地分开。现场应准备必要的医务设施。在办公室内显著地点张贴急救车和有关医院电话号码，根据需要制订防暑降温措施，进行消毒、防毒处理。施工作业区与办公区应明显划分。生活区周围应保持卫生，无污染和污水。生活垃圾应集中堆放，及时清理。

3）承包人应考虑施工过程中必要的投保。应明确施工保险及第三者责任险的投保人和投保范围。

4）冬季取暖炉的防煤气中毒设施必须齐全有效。应建立验收合格证制度，经验收合格发证后，方准使用。

5）食堂、伙房要有一名工地领导主管食品卫生工作，并设有兼职或专职的卫生管理人员。食堂、伙房的设置需经当地卫生防疫部门的审查、批准，要严格执行食品卫生法和食品卫生有关管理规定。建立食品卫生管理制度，要办理食品卫生许可证、炊事人员身体健康证和卫生知识培训证。

6）伙房内外要整洁，炊具用具必须干净，无腐烂变质食品。操作人员上岗必须穿戴整洁的工作服并保持个人卫生。食堂、操作间、仓库要做到生熟分开操作和保管，有灭鼠、防蝇措施，做到无蝇、无鼠、无蛛网。

7）应进行现场节能管理。有条件的现场应下达能源使用规定。

8）施工现场应有开水，饮水器具要卫生。

9）厕所要符合卫生要求，施工现场内的厕所应有专人保洁，按规定采取冲水或加盖措施，及时打药，防止蚊蝇滋生。市区及远郊城镇内施工现场的厕所，墙壁屋顶要严密，门窗要齐全。

※ 模块小结

一个园林工程项目在开工前，施工单位应进行投标签约和施工准备工作。据此，本模块共设置了3个情境下的工作任务，即熟悉项目背景、整理前期资料，施工进度计划的编制，园林工程施工组织设计的编制。在完成任务的过程中，学生们熟悉了工程项目的基本情况，掌握了进度计划的编制方法，同时，也为工程项目的实施做好了方案，为后续工作的开展打下了基础。

对于项目管理者来说，与施工管理相关的法律法规也要有一定的掌握。如《建设工程项目管理规范》《园林混化工程建设管理规定》等。有关法律、规范查阅可扫描右侧二维码（码3-6和码3-7）。

码3-6：
《建设工程项目管理规范》

码3-7：
《园林混化工程建设管理规定》

※ 课后习题

一、填空题

1. 园林工程施工的五个阶段是_____、_____、_____、_____、_____。

2. 招投标过程中的三个主要阶段是_____、_____、_____。其中_____是核心环节。

3. 横道图的绘制顺序为_____、_____、_____、_____。

4. 工程施工中的"四通一平"指的是_____、_____、_____、_____、_____。

5. 一般情况下，一个园林工程建设项目一定会有_____、_____两家单位。

二、单选题

1. 园林工程施工合同的标的物是( )。
   A. 设计作品　　　　　　　　　B. 竣工后的园林产品
   C. 投资额　　　　　　　　　　D. 款项

2. 园林工程建设中施工方项目管理的管理主体是( )。
   A. 项目经理　　　B. 项目经理部　　　C. 建设单位　　　D. 监理单位

3. 施工单位项目管理范围是由( )规定的承包范围。
   A. 施工组织设计　　B. 投标文件　　　C. 项目建议书　　　D. 承包合同

4. 市政公用工程施工组织设计的核心部分是( )。
   A. 质量目标设计　　　　　　　B. 施工方案
   C. 工程技术措施　　　　　　　D. 施工平面布置图

5. 下列( )工程属于园林工程。
   A. 百货大楼　　　B. 高速公路　　　C. 飞机场　　　D. 城市公园

三、思考与实训

某园林绿化工程公司与甲方签订了施工合同,合同中规定若某项工作工程量浮动超过10%,超过部分由双方协商单价,得到监理工程师批准。

施工中发生如下事件。

事件1:因通往施工现场的电力突然中断,导致一辆运输石材的车辆及一辆运输苗木的车辆无法按时进场。园路铺设及苗木栽植工作工期延误,延误时间分别为3天和5天。

事件2:为保证施工质量,乙方扩大了土方挖掘的工作面,增加工程量20 m^3,该工作合同单价为100元/m^3,作业时间增加3天。

事件3:该项目A区园路的铺设面积为1 000 m^2,后因设计变更增加了500 m^2。该工作原合同单价为80元/m^2,经协商调整为73元/m^2。

问题:

1. 上述哪些事件施工单位可提出工期和费用补偿要求?哪些事件不能提出工期和费用补偿要求?说明其原因。

2. 针对事件3,应结算的工程款为多少?

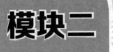

模块二　园林工程施工管理

先导案例

　　在做好前期充分准备的基础上，工程项目就可以正式进入施工阶段。这就要求管理人员对施工现场的人力调配、成本控制、施工进度、施工质量等方面做好全面的规划协调。例如，本项目包含了道路、景亭、树木、水池等施工内容，管理者应如何合理安排它们的施工顺序？施工需要的材料哪些可以先进场，进场后如何保存？当所有的施工内容都完成，如何进行竣工验收？完成本模块的学习，以上问题都可以迎刃而解。

思维导图

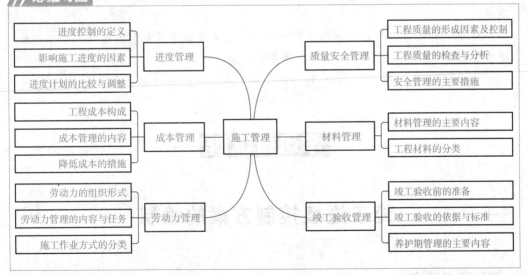

学习目标

　　知识目标

　　1. 掌握园林工程进度管理、质量管理、资料管理、安全管理及竣工验收管理的基本内容及管理方法。

2. 熟悉质量控制检查验收的方法。

3. 熟悉材料管理的具体任务。

4. 熟悉工程竣工验收的概念、依据和标准程序。

5. 了解国家相关的工程建设法律法规(《中华人民共和国建筑法》《中华人民共和国劳动法》《建设工程质量管理条例》《建设工程安全生产管理条例》《建设工程项目管理规范》《园林绿化工程建设管理规定》)。

能力目标

1. 能制订并按计划完成施工进度、安全及成本等的管理方案。

2. 能运用国家相关的法律法规，指导园林工程的施工管理工作。

3. 能进行质量问题的分析处理。

4. 能编制成本控制计划。

5. 能制订材料管理计划。

素质目标

1. 通过小组分工协作完成任务，培养学生具有将理论知识结合实践的能力、具有与项目部其他成员合作的精神。

2. 通过实际条件工作，培养良好的职业道德、爱岗敬业的精神、吃苦耐劳的品质。

育人目标

1. 通过介绍秦始皇修筑秦直道的事迹，让学生了解古人对工程质量的极致追求，弘扬中华民族一丝不苟、吃苦耐劳的品质，引导学生树立正确的人生观、价值观。

2. 通过介绍建造武汉火神山医院的故事，让学生感受项目管理的强大作用，培养学生热爱祖国、热爱社会主义建设事业的情操。

学习情境四

施工进度控制方案的编制

学习情境描述

(1)教学情境描述：在编写施工组织设计时，制订了工程项目的施工进度计划，实际施工过程中还要制订阶段性的施工进度计划，如年度进度计划、月度进度计划等。各小组要依据要求编写本工程项目月度进度计划，并制订相应的控制、调整方案。

（2）关键知识点：月度进度计划；进度控制的定义；影响进度的因素；进度比较的方法。

（3）关键技能点：能正确编制月度进度计划；能利用对比的方法分析实际进度出现误差的原因。

学习目标

（1）掌握进度控制的定义。

（2）熟悉影响进度的因素。

（3）能分析出影响进度的原因。

（4）能比较有效地制订施工进度方案。

任务书

根据本项目施工图、施工组织设计，编写施工进度表、施工进度控制方案。

任务分组

班级		组号		指导教师	
组长		学号			
组员	姓名			学号	

任务分工：

获取信息

引导问题 1：依据在"学习情境二"中计算的结果，填写表 4-1 并绘制月度施工进度计划横道图。

表 4-1　月度施工进度计划表

序号	工程名称	工日数	计划每天投入人数	工期	施工进度																									
					上旬										中旬										下旬						
					1	2	3	4	5	6	7	8	9	10	11	12	13	14	15	16	17	18	19	20	21	22	23	24	25	26	27	28	29	30
1	地形		14																											
2	水池		14																											
3	路基		14																											
4	亭子		14																											
5	花架		14																											
6	树池		14																											
7	乔灌		14																											
8	路面		14																											
9	草坪		14																											

(1)年(季)度计划规定的指标。

(2)单位工程施工组织设计。

(3)施工图纸、施工预算等。

(4)劳动力、材料、构配件及机械设备等资源的落实情况。

(5)上月计划预计完成情况(包括工程形象进度、竣工项目、施工产值等)和新开工程的施工前期准备工作进展情况。

月度施工作业计划表只列出本月施工的分部分项工程,主要参照年(季)度分月计划及单位工程施工组织设计而定,但不能简单摘录,要根据上月度工程实际进度,对照控制指标,摸清每项工程的施工状况,在认真查阅图纸、机具、劳动力、构配件、材料、施工和技术条件等信息的基础上确定,充分考虑到影响施工进度的可能因素,作出相应预案。不具备条件的不能列入计划。

引导问题 2:扫描右侧二维码(码 4-1),阅读工程案例回答问题:该案例中都出现了哪些导致工期延误的情况?

码4-1:
引导问题2

引导问题 3:在表 4-2 中,第 20 天的时候对施工进度进行检查,分析计划工期与实际工期的差异。该计划是否需要调整?

表 4-2　项目部施工进度对照表(1)

工作内容	持续时间	1~5	6~10	11~15	16~20	21~25	26~30
施工准备	5 天	■					
整理地形	10 天		■				
定点放线	5 天		■				
乔木栽植	10 天			■	■		
灌木栽植	8 天				■		
园路铺装	5 天					■	
草坪铺设	5 天						■

计划进度 ━━━　　　实际进度 ━━━

引导问题 4：在表 4-3 中，第 10 天、15 天、20 天的时候分别检查施工进度，分析计划工期与实际工期的差异。该计划是否要调整？

表 4-3　项目部施工进度对照表(2)

工作内容	持续时间	1～5	6～10	11～15	16～20	21～25	26～30
施工准备	5 天	▬					
整理地形	10 天		▬				
定点放线	5 天		▬				
乔木栽植	10 天			▬			
灌木栽植	8 天				▬		
园路铺装	5 天					▬	
草坪铺设	5 天						▬

计划进度 ▬▬▬　　　　　　实际进度 ═══

【小提示】进度计划制订完成后应随时注意施工实际进度情况。

(1)通过现场调查收集反映进度情况的资料，并加以分析和处理，为后续的进度控制工作提供确切、全面的信息。

(2)实际进度与计划进度进行比较分析。通常使用横道图比较法，把在施工中检查实际进度收集的信息，经整理后直接用横道线与原计划的横道线并列标注在一起，进行直观比较。

(3)确定是否需要进行进度调整。一般情况下，施工进度超前对进度控制是有利的，不需要调整，但是进度的提前如果对质量、安全有影响，对各种资源供应造成压力，这时有必要加以调整。

对施工进度拖后且在允许的机动时间里的，可以不进行调整。但是对于施工进度拖后将直接影响工期的关键工作，必须作出相应的调整措施。

(4)制订进度调整措施。对决定需要调整的后续工作，从技术上、组织上和经济上等作出相应的调整措施，并执行调整后的施工进度计划。

工作计划(方案)

步骤	工作内容	负责人
1		
2		
3		
4		
5		
6		
7		

进行决策

(1)各小组派代表阐述自己小组的方案。

(2)各小组对其他小组的方案提出自己的看法。

(3)教师对各小组的完成情况进行点评,选出最佳方案。

工作实施

各小组依据自己的合适方案,编写施工进度计划(完善"引导问题 1"的表格),制订进度控制方案。

进度控制方案应说明制订的依据,结合"引导问题 2",充分考虑影响施工进度的可能因素,制订相对应的应急预案。

评价反馈

学生自评表

任务	完成情况记录
是否按计划时间完成	
相关理论完成情况	
技能训练情况	
材料上交情况	
收获	

学生互评表

序号	评价内容	小组互评	教师评价	总评
1	任务是否按时完成			
2	材料完成上交情况			

序号	评价内容	小组互评	教师评价	总评
3	作品质量			
4	语言表达能力			
5	成员间合作面貌			
6	创新点			

▋▋ 相关知识点

施工进度控制是指在既定的工期内，编制出最优的施工进度计划，在执行该计划的施工中，经常检查施工实际进度情况，并将其与计划进度相比较，若出现偏差，便分析产生的原因和对工期的影响程度，找出必要的调整措施，修改原计划，不断地如此循环，直至工程竣工验收。施工进度控制的总目标是确保施工工程的既定目标工期的实现，或者在保证施工质量和不因此而增加施工实际成本的条件下，适当缩短施工工期。

进度出现偏差的主要影响因素如下。

1. 工期及相关计划的失误

计划失误是常见的现象。人们在计划期将持续时间安排得过于紧促，主要包括以下几个方面。

(1)计划时忘记(遗漏)部分必需的功能或工作。

(2)计划值(如计划工作量、持续时间)不足，相关的实际工作量增加。

(3)资源或能力不足，如计划时没有考虑资源的限制或缺陷，没有考虑如何完成工作。

(4)出现了计划中未能考虑到的风险或状况，未能使工程实施达到预定的效率。

(5)在现代工程中，上级(业主、投资者、企业主管)常常在一开始就提出很紧迫的工期要求。使承包商或其他设计人、供应商的工期太紧。而且许多业主为了缩短工期，常常压缩承包商的做标期和前期准备的时间。

2. 边界条件的变化

(1)工作量的变化。可能是由于设计的修改、设计的错误、业主新的要求、修改工程的目标及系统范围的扩展造成的。

(2)外界(如政府、上层系统)对工程新的要求或限制，设计标准的提高可能造成施工工程资源的缺乏无法及时完成。

(3)环境条件的变化，如不利的施工条件不仅造成对工程实施过程的干扰，有时直接要求调整原来已确定的计划。

(4)发生不可抗力事件，如地震、台风、动乱、战争状态等。

3. 管理过程中的失误

(1)计划部门与实施者之间，总分包商之间，业主与承包商之间缺少沟通。

（2）工程实施者缺少工期意识，如管理者拖延了图样的供应和批准，任务下达时缺少必要的工期说明和责任落实，拖延了工程活动。

（3）工程参加单位对各个活动（各专业工程和供应）之间的逻辑关系（活动链）没有清楚地了解，下达任务时也没有作详细的解释，同时，对活动的必要前提条件准备不足，各单位之间缺少协调和信息沟通，许多工作脱节，资源供应出现问题。

（4）由于其他方面未完成工程计划造成拖延。如设计单位拖延设计、运输不及时、上级机关拖延批准手续、质量检查拖延，业主不果断处理问题等。

（5）承包商没有集中力量施工，材料供应拖延，资金缺乏，工期控制不紧。这可能是由于承包商同期工程太多，力量不足造成的。

（6）业主没有集中资金的供应，拖欠工程款，或业主的材料、设备供应不及时。

4. 技术失误

施工单位采用技术措施不当，施工中发生技术事故；应用新技术、新材料、新结构缺乏经验，不能保证质量等都会影响施工进度。

5. 其他原因

由于采取其他调整措施造成工期的拖延，如设计变更、质量问题的返工、方案的修改等。

解决施工进度拖延有许多方法，但每种方法都有它的使用条件、限制，也必然会带来负面影响，如增加成本开支、现场混乱，以及引起质量问题等。所以，应该将赶工措施作为一个新的计划来处理。园林工程施工常用的赶工措施有以下 5 种。

（1）经济措施。经济措施是指实现进度计划的资金保证措施，是最常用的办法，如增加劳动力、材料、周转材料和设备的投入量等，但也会造成费用增加、资源使用效率降低等。

（2）技术措施。技术措施主要是采取加快施工进度的技术方法。

1）改善工具、器具，以提高劳动效率。

2）通过辅助措施和合理的工作过程提高劳动生产率。

3）修改实施方案。例如，将现浇混凝土改为场外预制，现场安装，这样可以加快施工进度。

（3）合同措施。合同措施是指对分包单位签订施工合同的合同工期与有关进度计划目标相协调。

（4）组织措施。组织措施是指落实各层次进度控制的人员、具体任务和工作责任；建立进度控制的组织系统；按照施工工程的结构、进展的阶段或合同结构等进行工程分解确定其进度目标，建立目标控制体系；确定进度控制工作制度，如检查时间、方法、协调会议时间、参加人员等；对影响进度的因素进行分析和预测。

（5）信息管理措施。信息管理措施是指不断收集施工实际进度的有关资料，进行整理统计并与计划进度比较，定期向建设单位提供比较报告。

园林工程施工进度计划检查的其他方法如下：

（1）S 形曲线比较法。与横道图比较法不同，S 形曲线比较法是以横坐标表示进度时间，纵坐标表示累计完成任务量，绘制的一条按计划时间、累计完成任务量的 S 形曲线，将施工内容的各检查时间、实际完成的任务量与 S 形曲线进行实际进度与计划进度相比较的一种方法。

（2）"香蕉"形曲线比较法。"香蕉"形曲线是由两条 S 形曲线组合成的闭合曲线。对于一个施工的网络计划，在理论上总是分为最早和最迟两种开始与完成时间。因此，一般情况下，任何一个施工项的网络计划，都可以绘制出两条曲线。一是计划以各项工作的最早开始时间安排进度而绘制的 S 形曲线，称为 ES 曲线；二是计划以各项工作的最迟开始时间安排进度而绘制的 S 形曲线，称为 LS 曲线。两条曲线都是从计划的开始时刻开始和完成时刻结束，因此，两条曲线是闭合的，形成一条形如"香蕉"的曲线，故称为"香蕉"形曲线。在工程施工过程中，进度控制的理想状况是任意时刻按实际进度描绘的点，都应落在该"香蕉"形曲线的区域内。

（3）前锋线比较法。前锋线比较法是通过绘制某检查时刻工程内容实际进度前锋线，进行工程实际进度与计划进度比较的方法，它主要适用于时标网络计划。前锋线比较法是通过实际进度前锋线与原进度计划中各工作箭线交点的位置来判断工作实际进度与计划进度的偏差，进而判定该偏差对后续工作及总工期影响程度的一种方法。

（4）列表比较法。当工程进度计划用非时标网络图表示时，可以采用列表比较法进行实际进度与计划度的比较。这种方法是记录检查日期应该进行的工作名称及其已经作业的时间，然后列表计算有关时间参数，并根据工作总时差进行实际进度与计划进度比较的方法。

学习情境五

成本管理计划的编制

学习情境描述

（1）教学情境描述：工程项目成本管理的水平，是项目能否盈利的关键。管理人员要制订成本管理总计划，把控整体工程项目的成本运行。同时，对于分部分项工程，也要有详细的成本管理计划，从小处入手，从细节入手，点滴积累，才能最终将整个项目的成本管理好、运行好，完成成本管理目标。

（2）关键知识点：成本构成；成本管理的概念；成本管理的原则；成本管理的措施。

（3）关键技能点：成本管理计划的编制；施工成本的计算。

学习目标

（1）掌握工程成本的构成。

（2）熟悉成本管理的措施。

(3)了解成本管理的基本原则。

(4)能对分部分项工程的成本进行估算。

(5)能编制分部分项工程的成本管理计划。

依据工程量清单，结合施工图纸，编制园路工程施工的成本管理计划。

任务分组

班级		组号		指导教师	
组长		学号			
	姓名			学号	
组员					
任务分工：					

获取信息

引导问题 1：扫描右侧二维码（码 5-1），回答问题：某园林工程现场组织绿化施工，因工程项目很重要，公司总部的张总出差来到施工现场，亲自指挥施工。由于栽植区域地势低洼，前期采用水泵抽水降低水位，挖掘沟渠保证排水。随后开始栽植工作，共计使用了两台挖掘机，50 名工人，两辆工程车，栽植乔木 200 棵，顺利完成任务。请问：在这个项目的绿化施工过程中，都发生了哪些费用？涉及的成本构成有哪些？

码5-1：
引导问题1

引导问题 2：扫描右侧二维码(码 5-2)回答问题：为了加强成本控制，本工程项目都采取了哪些措施？

码5-2：
引导问题2

_____

_____

_____

_____

工作计划(方案)

步骤	工作内容	负责人
1		
2		
3		
4		
5		
6		
7		

进行决策

(1)各小组派代表阐述自己小组的方案。

(2)各小组对其他小组的方案提出自己的看法。

(3)教师对各小组的完成情况进行点评，选出最佳方案。

工作实施

(1)根据工程量清单(表 5-1)，计算完成该施工任务的预算成本，工期为 20 天。

(2)为了控制预算成本，在人工费管理、材料费管理、机械费管理三个方面应分别采取什么措施？在这些措施的作用下，每个方面预计能否进一步节约成本？能节约多少成本？

表 5-1　园路工程项目清单

序号	项目	数量	单位	单价/元	备注
1	透水砖	20 000	块	0.5	
2	C15 混凝土	10	m^3	500	
3	路牙石	300	块	50	
4	水泥	70	袋	60	

序号	项目	数量	单位	单价/元	备注
5	河沙	70	m³	30	
6	挖机	1	台	800	每工日
7	工人	10	人	100	每工日

▌评价反馈

学生自评表

任务	完成情况记录
是否按计划时间完成	
相关理论完成情况	
技能训练情况	
材料上交情况	
收获	

学生互评表

序号	评价内容	小组互评	教师评价	总评
1	任务是否按时完成			
2	材料完成上交情况			
3	作品质量			
4	语言表达能力			
5	成员间合作面貌			
6	创新点			

▌相关知识点

1. 园林工程施工成本的概念

园林工程施工成本是指园林工程在施工现场所发生的全部费用的总和，其中包括所消耗的主、辅材料，构配件及周转材料的摊销费（或租赁费），施工机械的台班费（或租赁费），支付给生产工人的工资、奖金，以及施工项目经理部为组织和管理工程施工所发生的全部费用。

2. 工程成本的构成

园林施工企业在工程施工、提供劳务和作业等过程中所发生的各项费用支出，按照国家规定计入成本费用。按成本的经济性质和相关规定，施工企业工程成本由直接成本和间接成本组成。

（1）直接成本。直接成本也就是直接费，是指施工过程中直接消耗并构成工程实体或有助于工程形成的各项目支出。直接费由直接工程费和措施费组成。

1）直接工程费。直接工程费是指工程施工过程中消费的构成工程实体的各项费用。其包括人工费、材料费、施工机械使用费。

①人工费。人工费是指直接从事工程施工的生产工人开支的各项费用。其包括直接从事工程项目施工操作的工人和在施工现场进行构件制作的工人，以及现场运料、配料等辅助工人的基本工资、浮动工资、工资基本津贴和奖金等费用。但是，人工费不包括下列人员工资：行政管理和技术人员，专职工会人员，材料采购人员、驾驶各种机械、车辆营业外支出开支的人员。这些人员的工资应分别列入有关费用的相应项目。

②材料费。材料费是指施工过程中耗用并构成工程项目实体的各种主要材料、外购结构构件和有助于工程项目实体形成的其他材料费用，周转材料的推销（租赁）费用。其包括材料原价（或供应价）、供销部门手续费、包装费、材料自来源地运输至工地仓库或指定堆放地点的装卸费、运输费、途耗费、采购及保管费等。

③施工机械使用费。使用自有施工机械作业所发生的机械使用费，租用外单位的施工机械所发生的租赁费，机械安装、拆卸和进出场费用。其他包括折旧费、大修费、经修费、安拆费及场外运输费，燃料动力费、人工费及运输机械养路费，车船使用税和保险费等。

2）措施费。措施费是指为完成工程项目施工，发生于该工程施工前和施工过程中非工程实体项目的费用。其由施工技术措施费和施工组织措施费组成。

①施工技术措施费包括大型机械设备出场及安拆费，混凝土、钢筋混凝土模板及支架费，脚手架费，施工排水、降水费，其他施工技术措施费等。

②施工组织措施费内容具体包括环境保护费、文明施工费、安全施工费、临时设施费、夜间施工增加费、缩短工期增加费、二次搬运费、已完工程及设备保护费、其他施工组织措施费等。

（2）间接成本。间接成本是指企业的各经理部为施工准备、组织和管理施工发生的全部施工间接支出费用。间接费由规费、企业管理费组成。

1）规费。规费是指政府和有关政府行政主管部门规定必须缴纳的费用。其具体内容包括工程排污费、工程定额测定费、社会保障费、住房公积金、危险作业意外伤害保险费等。

2）企业管理费。企业管理费是指建筑安装企业组织施工生产和经营管理所需的费用。其具体内容包括管理人员工资、办公费、差旅交通费、固定资产使用费、工具用具使用费、劳动保险费、工会经费、职工教育经费、财产保险费、财务费、税金，以及其他费用等。

3. 不同施工阶段工程成本管理的内容

（1）计划准备阶段。计划准备又称为事先控制，是指在园林工程现场施工前，对影响成本支出的有关因素进行详细分析和计划，建立组织、技术和经济上的定额成本支出标准与岗位责任制，以保证完成施工现场成本计划和实现成本目标。

1)对各项成本进行目标管理。对成本进行目标管理，就是根据施工劳动定额、材料定额、机械台班定额及各种费用开支限额、预定成本计划或施工图预算，制订成本费用支出的标准，建立健全施工中物资使用制度、内部核算制度和原始记录、资料等，使施工中成本控制活动有标准可依，有章程可循。

2)落实现场成本控制责任制。根据现场单元的大小或工序的差异，对项目的组成指标进行分解，对施工企业的管理水平进行分析，同以往的项目施工进行比较，规定各生产环节和职工个人单位工程量的成本支出限额与标准，最后将这些标准落实到施工现场的各个部门和个人，建立岗位责任制。

（2）施工执行阶段。施工执行阶段又称为过程控制或事中控制，是在开工后的工程施工的全过程中对工程进行成本控制。它通过对成本形成的内容和偏离成本目标的差异进行控制，以达到控制整个工程成本的目的。其具体内容如下。

1)严格按照计划准备阶段的成本、费用的消耗定额，随时随地对所有物资的计量、收发、领退和盘点进行逐项审核，以避免浪费，各项计划外用工及费用支出应坚决落实审批手续；审批人员要严格按照计划审批制度，杜绝不合理开支，将可能引起的损失和浪费消灭在萌芽状态。

2)建立施工中偏差定期分析体系。在施工过程中，定期把实际成本形成时所产生的偏差项目划分出来，并根据需要或施工管理的具体情况，按施工段、施工工序或作业部门进行归类汇总，使偏差项目与责任制相联系，以便成本控制的有关部门迅速提出产生偏差的原因，并制订有效的限制措施，为下一阶段施工提供参考。

（3）检查总结阶段。检查总结阶段又称为事后控制。在现场施工完成后，必须对已建园林工程项目的总实际成本支出及计划完成情况进行全面核算，对偏差情况进行综合分析，对完成工程的盈余情况、经验和教训加以概括和总结，形成成本控制档案，为后续工程提供服务。反馈控制的具体工作包括以下两个方面。

1)分析成本支出的具体情况。这种分析方法与过程控制中的定期分析相同。

2)分析工程施工成本节约或超支的原因，以明确部门或个人的责任，落实改进措施。

4. 工程施工过程中降低施工成本的措施

（1）加强施工管理，提高施工组织水平。在园林工程施工前，应选择最为合理的施工方案，布置好施工现场；施工过程中应采用先进的施工方法和施工工艺，组织均衡施工，搞好现场调度和协作配合，注意竣工收尾工作，加快工程施工进度。

（2）加强技术管理，提高施工质量。在具体的园林工程施工中，应推广采用新技术、新工艺和新材料，以及其他技术革新措施；制订并贯彻降低成本的技术组织措施，提供经济效益；加强施工过程的技术检验制度提高施工质量。

（3）加强劳动工资管理，提高劳动生产率。改善劳动组织，合理使用劳动力，减少窝工浪费；执行劳动定额，实行合理的工资和奖励制度；加强技术教育和培训工作，提高工人的文化技术水平和操作熟练程度；加强劳动纪律，提高工作效率；压缩非生产用工和辅助用工，严格控制非生产人员的比例。

（4）加强机械设备管理，提高机械设备使用率。正确选择和合理使用机械设备，搞好机械设备的保养修理，提高机械的完好率、利用率和使用效率，从而加快施工进度，降低机械使用费。

（5）加强材料管理，节约材料费用。改进材料的采购、运输、收发、保管等方面的工作，减少各个环节的损耗，节约采购费用；合理堆放材料，组织分批进场，避免和减少二次搬运；严格材料进场验收和限额领料制度；制订并贯彻节约材料的技术措施，合理使用材料，施行节约代用、修旧利废和废料回收措施，综合利用一切资源。

（6）加强费用管理，节约施工管理费。精简管理机构，减少管理层次，压缩非生产人员。实行人员满负荷运转，并一专多能；实行定额管理，制订费用分项、分部门的定额指标，有计划控制各项费用开支。

学习情境六

劳动力需求计划的编制

学习情境描述

（1）教学情境描述：工程项目开工后，施工现场需要大量的一线工人，他们是一线的操作者、执行者。现场工人的具体数量、工种、施工作业方式等则须依据实际情况决定，编写劳动力需求计划，确保工程项目施工工作的顺利进行。

（2）关键知识点：劳动力的组织形式；劳动组织的调整与稳定；劳动力管理的内容；施工组织作业方式。

（3）关键技能点：正确使用劳动定额；绘制施工组织作业图；计算劳动力需求量；编写劳动力需求计划。

学习目标

（1）掌握劳动定额的概念、作用。

（2）掌握施工组织作业方式的分类。

（3）熟悉劳动力管理的主要内容。

（4）能根据实际情况，合理规划劳动力的组织。

任务书

扫描右侧二维码（码6-1），根据工程量清单、劳动定额、现场条件，计算劳动力需求量，绘制施工作业图，编写劳动力需求计划。

码6-1：
任务书

任务分组

班级		组号		指导教师	
组长		学号			
组员	姓名			学号	

任务分工:

获取信息

引导问题 1:某施工现场需栽植土球直径为 50 cm 的银杏 700 棵,要求两天内全部栽植完毕,若现场已有技工 1 人,那么还需要普通工人多少人?扫描右侧二维码(码 6-2),对照劳动定额表计算工人需求量。

码6-2:
引导问题1

【小提示】为保证园林工程施工作业需要和工种组合,技术工人与普通工人的比例要适当、配套,使技术工人和普通工人能够密切配合,既节约成本,又能保证工程进度和质量。

引导问题 2:扫描右侧二维码(码 6-3),完成表 6-1 的填写。

码6-3:
引导问题2

表 6-1　顺序施工作业表

序号	施工内容	工期	1	2	3	4	5	6
1	挖路槽	1						
2	做垫层	1						
3	铺路面	1						
4	挖路槽	1						
5	做垫层	1						
6	铺路面	1						

引导问题 3：扫描二维码（码 6-4），完成表 6-2 的填写。

码6-4：
引导问题3

表 6-2　平行施工作业表

序号	施工内容	工期	1	2	3	4	5	6
1	挖路槽	1						
2	做垫层	1						
3	铺路面	1						

引导问题 4：扫描二维码（码 6-5），完成表 6-3 的填写。

码6-5：
引导问题4

表 6-3　流水施工作业表

序号	施工内容	工期	1	2	3	4
1	挖路槽	1				
2	做垫层	1				
3	铺路面	1				

【小提示】顺序施工方式是将拟建工程项目中的每个施工对象分解为若干个施工过程，按施工工艺要求依次完成每个施工过程；当一个施工对象完成后，再按同样的顺序完成下一个施工对象，以此类推，直至完成所有的施工对象。

平行施工方式是组织几个劳动组织相同的工作队，在同一时间、不同的空间，按施工工艺要求完成各施工对象。

流水施工方式是将拟建工程项目中的每一个施工对象分解为若干个施工过程，并按照施工过程成立相应的专业工作队，各专业队按照施工顺序依次完成各个施工对象的施工过程，同时保证施工在时间和空间上连续、均衡和有节奏地进行，使相邻两专业队能最大限度地搭接作业。

工作计划(方案)

步骤	工作内容	负责人
1		
2		
3		
4		
5		
6		
7		

进行决策

(1)各小组派代表阐述自己小组的方案。

(2)各小组对其他小组的方案提出自己的看法。

(3)教师对各小组的完成情况进行点评,选出最佳方案。

工作实施

通过引导问题的练习,完成工作任务。

(1)各小组依据任务书中的工程量清单、定额表,计算工人需求数量。

(2)根据任务书中给出的现场条件(3个施工区域;施工内容相同;每项施工的工期均为两天),绘制顺序施工、平行施工、流水施工示意图各一张。

(3)对于这些工人在施工现场的管理,应制订哪些管理方案?

评价反馈

学生自评表

任务	完成情况记录
是否按计划时间完成	
相关理论完成情况	
技能训练情况	
材料上交情况	
收获	

序号	评价内容	小组互评	教师评价	总评
1	任务是否按时完成			
2	材料完成上交情况			
3	作品质量			
4	语言表达能力			
5	成员间合作面貌			
6	创新点			

相关知识点

园林工程施工劳动管理就是按照施工现场的各项要求，合理配备和使用劳动力，并按园林工程的实际需要进行不断的调整，使人力资源得到最充分的利用，人力资源的配置结构达到最佳状态，降低工程成本，同时确保现场生产计划顺利完成。

一、园林工程施工劳动组织形式

园林施工项目中的劳动力组织是指劳务市场向园林施工项目供应劳动力的组织方式及园林工程施工班组中工人的结合方式。园林工程施工项目中的劳动力组织形式有以下几种。

(1)专业施工队。专业施工队即按施工工艺，由同一专业工种的工人组成的作业队，并根据需要配备一定数量的辅助工。专业施工队只完成其专业范围内的施工过程。这种组织形式的优点是生产任务专一，有利于提高专业施工水平，提高熟练程度和劳动效率；缺点是分工过细，适应范围小，工种间协作配合难度大。

(2)混合施工队。混合施工队是按施工需要，将相互联系的多工种工人组织在一起形成的施工队。可以在一个集体中进行混合作业，工作中可以打破每个工人的工种界限。其优点是便于统一指挥，协调生产和工种间的协调配合；缺点是其组织工作要求严密，管理要得力，否则会产生相互干扰和窝工现象。

施工队的规模一般应依据工程任务大小而定，施工队需采取哪种形式，则应以节约劳动力、提高劳动生产率为前提，按照实际情况进行选择。

园林工程施工劳动组织要服从施工生产的需要，在保持一定的稳定性情况下，随现场施工生产的变化而不断调整。

(1)根据施工对象特点选择劳动组织形式。根据不同园林工程施工对象的特点，如技术复杂程度、工程量大小等，分别采取不同的劳动组织形式。

(2)尽量使劳动组织相对稳定。施工作业层的劳动组织形式一般有专业施工队和混合施工队两种。对项目经理部来说，应尽量使作业层正在使用的劳动力和劳动组织保持稳定，防止频繁调动。当现场的劳动组织不适应任务要求时，应及时进行劳动组织调整。劳动组织调整时，应根据园林工程具体施工对象的特点分别采用不同劳动组织形式，有利于工种间和工序间的协作配合。

（3）技工和普工比例要适当。为保证园林工程施工作业需要和工种组合，技术工人与普通工人的比例要适当、配套使技术工人和普通工人能够密切配合，既节约成本，又能保证工程进度和质量。

园林工程施工劳动组织的相对稳定，对保证现场的均衡施工，防止施工过程脱节具有重要的作用。劳动组织经过必要的调整，使新的组织具有更强的协调和作业能力，从而提高劳动效率。

二、园林工程施工劳动管理的内容

1. 上岗前的培训

园林工程项目经理部在准备组建现场劳动组织时，若在专业技术或其他素质方面现有人员或新招人员不能满足要求时，应提前进行培训，再上岗作业。培训任务主要由企业劳动部门承担，项目经理部只能进行辅助培训，即临时性的操作训练或试验性的操作训练，进行劳动纪律、工艺纪律及安全作业教育等。

2. 园林工程施工劳动力的动态管理

根据园林工程施工进展情况和需求的变化，随时进行人员结构、数量的调整，不断达到新的优化。当园林施工工地需要人员时立即进场，当出现过多人员时向其他工地转移，使每个岗位负荷饱满，每个工人有事可做。

3. 园林工程施工劳动要奖罚分明

园林工程施工的劳动过程就是园林产品的生产过程，工程的质量、进度、效益取决于园林工程施工劳动的管理水平、劳动组织的协作能力及劳动者的施工质量和效率。所以，要求每个工人的操作必须规范化、程序化。施工现场要建立考勤及工作质量完成情况的奖罚制度。对于遵守各项规章制度，严格按规范规程操作，完成工程质量优秀的班组或个人给予奖励；对于违反操作规程、不遵守各项现场规章制度的工人或班组给予处罚，严重者遣返劳务市场。

4. 做好园林工程施工工地的劳动保护和安全卫生管理

园林工程施工劳动保护及安全卫生工作较其他行业复杂。不安全、不卫生的因素较多，因此，必须做到以下几个方面的工作：其一，建立劳动保护和安全卫生责任制，使劳动保护和安全卫生有人抓，有人管，有奖罚；其二，对进入园林工程施工工地的人员进行教育，增强工人的自我防范意识；其三，落实劳动保护及安全卫生的具体措施及专项资金，并定期进行全面的专项检查。

三、园林工程施工劳动力管理的任务

1. 园林施工企业劳务部门的管理任务

由于园林施工企业的劳务部门对劳动力进行集中管理，故它在施工劳务管理中起着主导作用。它应做好以下几个方面的工作。

（1）根据施工任务的需要和变化，从社会劳务市场中招募和遣返（辞退）劳动。

（2）根据项目经理部所提出的劳动力需要量计划与项目经理部签订劳务合同，并按合同向作业队下达任务，派遣队伍。

（3）对劳动力进行企业范围内的平衡、调度和统一管理。施工项目中的承包任务完成后收回作业人员，重新进行平衡、派遣。

（4）负责对企业劳务人员的工资奖金管理，实行按劳分配，兑现合同中的经济利益条款，进行合乎规章制度及合同约定的奖罚。

2. 施工现场项目经理的管理任务

项目经理是项目施工范围内劳动力动态管理的直接责任者，其责任如下。

（1）按计划要求向企业劳务管理部门申请派遣劳务人员，并签订劳务合同。

（2）按计划在项目中分配劳务人员，并下达施工任务单或承包任务书。

（3）在施工中不断进行劳动力平衡、调整，解决施工要求与劳动力数量、工种、技术能力、相互配合中存在的矛盾，达到劳动力优化组合的目的。

（4）按合同支付劳务报酬。解除劳务合同后，将人员遣返内部劳务市场。

四、不同施工组织作业方式的特点

1. 顺序施工方式的特点

（1）没有充分地利用工作面进行施工，工期长。

（2）如果按专业成立工作队，则各专业队不能连续作业，有时间间歇，劳动力及施工机具等资源无法均衡使用。

（3）如果由一个工作队完成全部施工任务，则不能实现专业化施工，不利于提高劳动生产率和工程质量。

（4）单位时间内投入的劳动力、施工机具、材料等资源量较少，有利于资源供应的组织。

（5）施工现场的组织、管理比较简单。

2. 平行施工的特点

（1）充分地利用工作面进行施工，工期短。

（2）如果每个施工对象均按专业成立工作队，则各专业队不能连续作业，劳动力及施工机具等资源无法均衡使用。

（3）如果由一个工作队完成一个施工对象的全部施工任务，则不能实现专业化施工，不利于提高劳动生产率和工程质量。

（4）单位时间内投入的劳动力、施工机具、材料等资源量成倍地增加，不利于资源供应。

（5）施工现场的组织、管理比较复杂。

3. 流水施工的特点

（1）尽可能地利用工作面进行施工，工期比较短。

（2）有利于提高技术水平和劳动生产率，也有利于提高工程质量。

（3）专业工作队能够连续施工，同时，使相邻专业队的开工时间能够最大限度地搭接。

（4）单位时间内投入的劳动力、施工机具、材料等资源量较为均衡，有利于资源供应。

（5）为施工现场的文明施工和科学管理创造了有利条件。

施工质量、安全管理计划的编制

学习情境描述

(1)教学情境描述：工程的质量是施工过程的重要管理内容，是项目成功与否的关键，而安全问题则是底线，任何工程项目都不应该出现安全事故。具体体现在某个施工内容的时候，就是要在施工的不同阶段，对这个施工内容进行质量和安全的把控。绿化工程是园林工程施工的重要施工内容，绿色植物是有生命的，因此更应该在栽植的前后各个阶段对其进行质量上的管理，同时，在安全管理上也要制订相应的工作方案。

(2)关键知识点：质量管理的内容；质量的形成因素；质量管理的方法；安全管理的方法。

(3)关键技能点：拟订质量、安全管理措施。

学习目标

(1)掌握质量管理的内容、方法。

(2)熟悉质量形成的因素。

(3)能根据实际条件制订质量、安全管理措施。

(4)能应用因果图进行质量控制分析。

任务书

本工程项目绿化工程栽植清单中，含有大量的乔灌木树种，也需要使用大型工程机械。依据现场条件，制订保证栽植质量、确保施工安全的计划。

任务分组

班级		组号		指导教师	
组长		学号			
组员	姓名			学号	

任务分工：

获取信息

引导问题1：扫描右侧二维码(码7-1)回答问题：为了保证施工质量，工程项目部在施工准备阶段都开展了哪些方面的工作？

码7-1：
引导问题1

_____

【小提示】施工准备阶段的质量、安全控制又称为事前控制，属于一种预防性控制，是为保证园林施工正常进行而必须事先做好的工作。施工准备不仅在工程开工前要做好，而且贯穿于整个施工过程。施工准备的基本任务就是为工程建立一切必要的施工条件，确保施工生产顺利进行。

引导问题2：扫描右侧二维码(码7-2)回答问题：为了保证施工质量及施工安全，工程项目部在施工阶段都开展了哪些方面的工作？

码7-2：
引导问题2

_____

_____

【小提示】施工阶段的控制又称为事中控制。该阶段要按照施工组织设计总进度计划，编制具体的月度和分项工程施工作业计划和相应的质量计划。对材料、机具设备、施工工艺、操作人员、生产环境等影响质量的因素进行控制，以确保园林施工产品总体质量处于稳定状态。由于施工的过程就是园林产品的形成过程，也是质量的形成过程，所以施工阶段的质量控制就是施工质量控制的中心环节。安全检查的类型包括以下内容。

(1)日常性检查。企业、施工项目部、施工班组都应进行检查。专职安全员的日常检查应有计划、针对重点部位周期性进行。

(2)专业性检查。针对特种作业、特种设备、特殊场所进行的检查，如电焊、气焊重设备等的检查。

(3)季节性检查。针对季节性特点，为保障安全生产的特殊要求所进行的检查。如风大干燥，要着重防火；夏季高温、多雨，要着重防暑、降温、防汛、防雷击、防触电等。

（4）节假日前后检查。针对节假日期间容易大意的特点而进行的安全检查，包括节日前后安全生产综合检查、遵章守纪的检查等。

（5）不定期检查。在工程或设备开工和停工前、检修中，工程或设备竣工及试运转时进行的安全检查。

工作计划(方案)

步骤	工作内容	负责人
1		
2		
3		
4		
5		
6		
7		

进行决策

（1）各小组派代表阐述自己小组的方案。
（2）各小组对其他小组的方案提出自己的看法。
（3）教师对各小组的完成情况进行点评，选出最佳方案。

工作实施

大型苗木的栽植需要大型工程设备的辅助，如挖掘机、起重机等。这增加了施工的安全风险，同时，也需要机械设备与工人进行密切的协作才能保证施工质量。据此，请各小组制订相应的质量、安全措施。

评价反馈

学生自评表

任务	完成情况记录
是否按计划时间完成	
相关理论完成情况	
技能训练情况	
材料上交情况	
收获	

序号	评价内容	小组互评	教师评价	总评
1	任务是否按时完成			
2	材料完成上交情况			
3	作品质量			
4	语言表达能力			
5	成员间合作面貌			
6	创新点			

相关知识点

施工质量是指通过施工全过程所形成的工程质量，使之满足用户从事生产或生活的需要。

工程施工是使业主及工程设计意图最终实现并形成工程实体的阶段，也是最终形成工程产品质量和工程使用价值的重要阶段。施工质量的优劣不仅关系到工程的适用性，而且还关系到人民生命财产的安全。

质量控制是为达到质量要求所采取的作业技术和活动。质量控制目标是施工管理中的一个主要目标。在市场竞争机制下，质量是企业的信誉，有了信誉，才能提高竞争力和效益。质量与进度、成本、安全之间有着密切的联系，它们之间存在着辩证统一的关系，进度过快、成本降低都可能降低工程质量，进而产生安全隐患。所以，质量是园林工程施工的核心，要达到一个高的工程施工质量，就需要进行全面质量管理。

一、工程质量的形成因素

(1)人的质量意识和质量能力。人是质量活动的主体，对园林工程而言，人是泛指与工程有关的单位、组织及个人，包括建设单位、勘察设计单位、施工承包单位、监理及咨询服务单位、政府主管及工程质量监督监测单位、策划者、设计者、作业者、管理者等。

(2)园林建筑材料、植物材料及相关工程用品的质量。园林工程质量的水平很大程度上取决于园林材料和栽培园艺的发展。原材料与园林建筑装饰材料及其制品的开发，导致人们对风景园林和景观建设产品的需求不断趋新、趋美和多样性。因此，合理选择材料，所用材料、构配件和工程用品的质量规格、性能特征是否符合设计规定标准，直接关系到园林工程质量的形成。

(3)工程施工环境。工程施工环境包括地质、地貌、水文、气候等自然环境及施工现场的通风、照明、安全卫生防护设施等劳动作业环境，以及由工程承发包合同所涉及的多单位、多专业共同施工的管理关系，组织协调方式和现场质量控制系统等构成的环境，对工程质量的形成产生相当大的影响。

(4)决策因素。决策因素是指经过可行性研究、资源论证、市场预测、决策的质量。决策人应从科学发展观的高度，充分考虑质量目标的控制水平和可能实现的技术经济条件，确保社会资源不浪费。

（5）设计阶段因素。园林植物的选择、植物资源的生态习性和园林建筑物构造与结构设计的合理性、可靠性，以及可施工性都直接影响工程质量。

（6）工程施工阶段质量。施工阶段是实现质量目标的重要过程，首要的是施工方案的质量，包括施工技术方案和施工组织方案。施工技术方案是指施工的技术、工艺、方法和机械、设备、模具等施工手段的配置；施工组织方案是指施工程序、工艺顺序、施工流向、劳动组织方面的决定和安排。通常，施工程序是先准备后施工，先场外后场内，先地下后地上，先深后浅，先栽植后道路，先绿化后铺装等，都应在施工方案中明确，并编制相应的施工组织设计。

（7）工程养护质量。由于园林工程质量对生态和景观的要求，园林工程最终产品的形成取决于工程养护期的工作质量。工程养护对绿化景观含量高的工程尤其重要，这就是园林工程行业人士常说的"三分施工，七分养管"的意义所在。

二、工程质量形成因素的控制

（1）人的控制。人是指直接参与施工的组织者、指挥者和操作者。人作为控制的对象，要避免产生失误；作为控制的动力，要充分调动人的积极性，发挥人的主导作用。为此，除加强政治思想教育、劳动纪律教育、职业道德教育、专业技术培训，健全岗位责任制，改善劳动条件公平合理地激励劳动热情外，还需要根据工程特点，从确保质量出发，在人的技术水平、人的生理缺陷、人的心理行为、人的错误行为等方面来控制人的使用。如对技术复杂、难度大、精度高的工序或操作，应由技术熟练、经验丰富的工人来完成；反应迟钝、应变能力差的人，不能操作快速运行、动作复杂的机械设备；对某些要求万无一失的工序和操作，一定要分析人的心理行为，控制人的思想活动，稳定人的情绪；对具有危险源的现场作业，应控制人的错误行为，严禁吸烟、打赌、嬉戏、误判断、误动作等。此外，应严格禁止无技术资质的人员上岗操作；对不懂装懂、图省事、碰运气、有意违章的行为，必须及时制止。总之，在使用人的问题上，应从政治素质、思想素质、业务素质和身体素质等方面综合考虑，全面控制。

（2）材料的控制。材料的控制包括原材料、成品、半成品、构配件等的控制，主要是严格检查验收，正确合理地使用，建立管理台账，进行收、发、储、运等各环节的技术管理，避免混料和将不合格的原材料使用到工程上。

（3）机械的控制。机械的控制包括施工机械设备、工具等控制。要根据不同工艺特点和技术要求，选用合适的机械设备，正确使用、管理和保养好机械设备。为此要健全"人机固定"制度、"操作证"制度、岗位责任制度、交接班制度、"技术保养"制度、"安全使用"制度、机械设备检查制度等，确保机械设备处于最佳使用状态。

（4）方法的控制。方法的控制包含施工方案、施工工艺、施工组织设计、施工技术措施等的控制，主要应切合工程实际解决施工难题，技术可行、经济合理，有利于保证质量、加快进度、降低成本。

（5）环境的控制。影响工程质量的环境因素较多，有工程技术环境，如工程地质、水文、气象等；工程管理环境，如质量保证体系、质量管理制度等；劳动环境，如劳动组合、作业场所、工作面等。环境因素对工程质量的影响，具有复杂而多变的特点，如气象条件变化万千，温度、湿度、大风、暴雨、酷暑、严寒都直接影响工程质量。又如前一工序往往就是后一工序的环境，前一分项分部工程也就是后一分项分部工程的环境。因此，根据工程特点和具体条件，应对影响质量的环境因素采取有效的措施严加控制。尤其是施工现场，应建立文明施工和文明生产的环境，保持材料工件堆放有序，道路畅通，工作场所清洁整齐，施工程序井井有条，为确保质量、安全创造良好的条件。

三、三阶段质量控制

(1)施工准备阶段的质量控制又称为事前控制，属于一种预防性控制，是为保证园林施工正常进行而必须事先做好的工作。施工准备不仅在工程开工前要做好，而且贯穿于整个施工过程。施工准备的基本任务就是为工程建立一切必要的施工条件，确保施工生产顺利进行，确保工程质量符合要求。

1)技术交底。在每个分项工程开始之前要进行技术交底，技术交底的内容包括施工方法、质量要求、验收标准、施工过程中应注意的问题、可能出现的意外状况等。

2)进场材料构配件质量控制。凡是运输到施工现场的原材料、半成品及构配件，在进场前向监理提交报审表，附带出厂合格认证和技术说明书，以及由施工单位按规定要求进行的检验和试验报告。

3)机械设备的质量控制。机械设备的进场检查，即施工单位设备进场之前，应将设备的型号、规格、数量、技术性能、设备状况、进场时间等列出一份进厂设备清单，交监理机构审核；设备工作状态检查，即要做好使用、保养记录，保证设备良好的运行状态；特殊设备安全运行检查，如现场使用的塔式起重机及有特殊安全要求的设备进场后，使用前必须经当地劳动安全部门鉴定，符合要求并办理好相应手续。

4)现场作业人员的控制。施工活动现场的项目经理、专职质检员、安全员等负责人员，必须坚守工作岗位。从事特殊作业的人员(如电工、起重工、架子工、爆破工等)必须持证上岗。施工机械操作人员必须有上岗证，并能够熟练掌握操作维修技术。

5)检验、测量和试验设施的质量控制。所有在施工现场使用的检验、测量和试验设施均应处于有效的合格校准周期内。未经校准或报废的检验、测量和试验设施不能在现场使用。

6)施工现场环境控制。做好施工现场的水、电、施工照明、道路、场地、安全防护等作业环境的管理。同时，施工单位应该关注施工现场的自然环境，采取合理的保障质量的措施。

(2)施工阶段的质量控制又称为事中控制。该阶段要按照施工组织设计总进度计划，编制具体的月度和分项工程施工作业计划与相应的质量计划。对材料、机具设备、施工工艺、操作人员、生产环境等影响质量的因素进行控制，以确保园林施工产品总体质量处于稳定状态。施工的过程就是园林产品的形成过程，也是质量的形成过程，所以施工阶段的质量控制就是施工质量控制的中心环节。

1)测量复核控制。园林建筑工程测量复核的作业内容通常包括园林建筑，园林建筑特别提示物的定位测量、基础施工测量、楼轴线检测、楼层间高程传递检测等；管线工程，管网或输配电线路定位测量、地下管线施工检测、架空管线施工检测、多管线交会点高程检测等；质量控制点是施工质量控制的重点，凡属关键技术、重要部位、控制难度大、影响大、经验欠缺的施工内容，以及新材料、新技术、新工艺、新设备等，均可列为质量控制点，实施重点控制。

2）见证取样质量控制。项目经理部应该明确专人对工程项目使用的材料、半成品、构配件及工序活动效果进行见证取样。见证取样基本要求应该满足国家和地方主管部门的有关规定。例如，钢筋的见证取样要求对进场的钢筋首先进行外观检查，核对钢筋的出厂检验报告、合格证、成捆筋的标牌、钢筋上的标志，同时对钢筋的直径、肋高等进行检查，表面质量不得有裂痕、结疤、折叠、凸块和凹陷等。

3）成品保护质量控制。成品保护是施工过程中质量管理的重点。施工中，如果对已完成部分或成品，不采取妥善的措施加以保护，就会造成损伤，影响工程质量，造成人、财、物的浪费和拖延工期；更为严重的是有些损伤难以恢复原状，而成为永久性的缺陷。加强成品保护，要从两个方面着手：一方面应加强教育，提高全体员工的成品保护意识；另一方面要合理安排施工顺序，采取有效的保护措施。成品保护的措施包括护、包、盖、封。

①护，就是提前保护，防止对成品的损伤。如大树移植中采用双支撑或三支撑法来保护刚移植的大树。

②包，就是进行包裹，防止对成品造成污染及损伤。如在居住区绿化中配光线路施工，填土前对控制电开关、插座、灯具、接线口等设备进行包裹等。

③盖，就是表面覆盖，防止堵塞、损伤。如高级水磨石地面或大理石地面完成后，应用毡布覆盖；落水口、排水管安好后应加覆盖，以防堵塞。

④封，就是局部封闭。如园林建筑室内塑料墙纸、地板油漆完成后，应立即锁门封闭；屋顶花园屋面防水完成后，应封闭屋面的楼梯门或出入口。

（3）竣工验收阶段的质量控制又称为事后控制，它属于一种合格控制。园林工程产品的竣工验收阶段质量控制包含以下两个方面的含义。

1）工序间的交工验收工作的质量控制。工程施工中往往上一道工序的质量成果被下一道工序覆盖，分项或分部工程质量被后续的分项或分部工程覆盖。因此，要对施工全过程的隐蔽工程施工的各工序进行质量控制，保证不合格工序不转入下一道工序。

2）竣工交付使用阶段的质量控制。单位工程或单项工程竣工后，由施工工程的上级部门严格按照设计图样、施工说明书及竣工验收标准，对工程的施工质量进行全面鉴定，评定等级，作为竣工交付的依据。工程进入交工验收阶段，应有计划、有步骤、有重点地进行收尾工程的清理工作。通过交工前的预验收，找出漏项项目和需要修补的工程，并及早安排施工。工程经自检、互检后，与建设单位、设计单位和上级有关部门进行正式的交工验收工作。

四、现场施工质量检查的方法

（1）目测法：看、摸、敲、照。

1）看：就是根据质量标准进行外观目测。如墙纸裱糊质量应是纸面无斑痕、空鼓、气泡、褶皱；每一墙面纸的颜色、花纹一致；斜视无胶痕，纹理无压平、起光现象，对缝无离缝、搭缝、张嘴；对缝处图案、花纹完整；纸的一边不能对缝，只能搭接；墙纸只能在阴角处搭接，阳角应采用包角等。观察检验法需要使用人具有丰富的经验，经过反复实践才能掌握标准、统一口径。这种方法虽然简单，但难度最大。

2) 摸：手感检查，主要用于装饰工程的某些检查项目。如水刷石、干粘石黏结牢固程度，油漆的光滑度，地面有无起砂等，都可通过手摸加以鉴别。

3) 敲：运用工具进行音质检查。对地面工程、装饰工程中的水磨石、面砖和大理石贴面等，均应进行敲击检查，通过声音的虚实确定有无空鼓，还可根据声音的清脆和沉闷，判定属于面层空鼓还是底层空鼓。

4) 照：对于难以看到光线或光线较暗的部位，可采用镜子或灯光照射的方法进行检查。

(2) 实测法。实测法是通过实测数据与施工规范及质量标准所规定的允许偏差的对照来判别是否合格。实测法的手段可归纳为靠、吊、量、套。

1) 靠：用直尺、塞尺检查墙面、地面、屋面的平整度。

2) 吊：用托线板及线坠吊线检查垂直度。

3) 量：用测量工具和计量仪表等检查断面尺寸、轴线、标高、湿度等的偏差。这种方法用得最多，主要检查允许偏差项目。

4) 套：用方尺套方，辅以塞尺检查，如对阴阳角的方正、踢脚线的垂直度、预制构件的方正等项目的检查。

(3) 试验法。试验法是指必须通过试验手段才能对质量进行判断的检查方法。如对地基的静载试验，确定其承载力；对钢结构的稳定性试验，确定是否产生失稳现象；对钢筋对焊接头进行拉力试验，检验焊接的质量等。

五、施工项目质量管理制度

(1) 工程报建制度。建设工程在开工前必须办理工程报建手续，取得施工许可证方可组织开工建设。

(2) 投标前评审制度。施工企业在投标或签订合同前，应组织本企业技术人员进行评审，以确保工期和质量。

(3) 工程项目总承包负责制度。总承包单位对单位工程的全部工程质量负总责。按有关规定进行工程分包的，总承包单位对分包工程进行全面质量控制，分包单位对分包工程施工质量向总承包单位负责。总承包单位和分包单位就分包工程对建设单位承担连带责任。禁止总承包单位将工程分包给不具备相应资质条件的单位，禁止分包单位将其承包的工程再分包。

(4) 技术交底制度。每个工种、每道工序在施工前都要进行技术交底，包括项目技术人员对工长的技术交底、工长对班组长的交底、班组长对作业班组的技术交底。

(5) 材料进场检测制度。材料进场必须对材料外观质量进行检查验收、材质复核检验，同时检查厂家或供应商提供的质保书、检测报告等。不合格的材料不得在工程上使用。

(6) 施工挂牌制度。主要工种有钢筋、混凝土、模板、砌体、抹灰等。在施工过程中要实行挂牌制度，需要注明管理者、操作者、施工日期等。

(7)过程三检制度。实行自检、互检和专检制度。自检要做文字记录。隐蔽工程要由工长组织项目技术负责人、质量员、班组长做检查验收，并作出较详细的文字记录。自检合格后报现场监理工程师签字确认。隐蔽工程在隐蔽前，施工单位应通知建设单位和建设工程质量监督机构。

(8)质量否决制度。对不合格的分项、分部和单位工程必须进行相应处理。不合格分项工程流入下一道工序要追究班组长的责任；不合格分部工程流入下一道工序要追究工长和项目经理的责任；不合格工程流入社会要追究公司和项目经理的责任。

(9)成品保护制度。应当像重视工序的操作一样重视成品保护。项目管理人员应合理安排施工工序，减少工序交叉作业。上下工序之间应做好交接工作，并做好记录。如果下一道工序的施工可能对上一道工序的成品造成影响，应及时进行保护，以避免破坏和污染。

(10)工程质量评定、验收制度。施工企业按国家有关标准、规范进行工程质量验收。

(11)竣工服务承诺制度。工程竣工后，施工单位要主动做好回访工作，按有关规定实行工程保修制度，对建筑物结构安全在合理使用寿命年限内终身负责。

(12)培训上岗制度。工程项目所有管理及操作人员应经过业务知识技能培训，并持证上岗。因无证指挥、无证操作造成工程质量不合格或出现质量事故的，除要追究直接责任者外，还要追究企业主管领导的责任。

(13)工程质量事故报告及调查制度。工程发生质量事故后，施工单位要马上向当地质量监督机构和住房城乡建设主管部门报告，并做好现场事故抢险和保护工作。住房城乡建设主管部门要根据事故的等级逐级上报，按照调查程序的有关规定负责事故的调查及处理工作。对事故上报不及时或隐瞒不报的要追究有关人员的责任。

六、用因果分析法分析施工质量问题

因果分析图又称为特性要素图、树枝图和鱼刺图等，是质量管理常用工具之一。因果分析图法即用因果分析图分析各种问题产生的原因和由此原因可能导致的后果的一种管理方法。由于因果分析图形状像鱼刺，又称为鱼刺图(图 7-1)。它由结果、原因和枝干三部分组成。为分析产生某种工程质量问题的原因，通过集思广益，将可能产生工程质量问题的所有原因反映在一张图面上，这种图就是因果分析图。

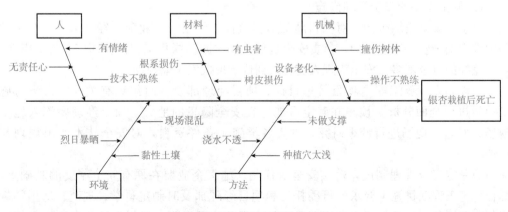

图 7-1　苗木死亡因果分析图

绘制步骤如下。

(1)明确要解决问题的准确含义，并用确切的语言将质量问题表达出来，并用方框画在图面的最右边。

(2)从这个质量问题出发先分析大原因，再以大原因作为结果寻找中原因，然后以中原因为结果寻找小原因，甚至更小的原因。

(3)画出主干线，主干线的箭头指向质量问题，再在主干线的两边依次用不同粗细的箭头线表示出大、中、小原因之间的因果关系，在相应箭头线旁边注出原因内容。

(4)找出主要原因，用显著记号或图把主要内容圈起来，以示突出。

(5)记录因果图的绘制日期、参加讨论的人员及其他备查的事项。具体绘制时，先填写鱼头，画出主骨，接着画出大骨，填写大原因，再次画出中骨、小骨，填写中、小原因，然后用特殊符号标志重要因素，最后修订因果图。

🐛 七、园林工程施工安全管理

园林工程施工安全生产是为了预防生产过程中发生人身伤害、设备损毁和施工成品受损等事故，保证职工、机械和成品的安全而采取的各种措施与活动。安全管理是综合性的系统科学，包括安全法规、安全技术、工业卫生三个方面。园林工程施工企业的法定代表人要对本企业的安全生产负主要的责任。施工企业新聘的工作人员必须实施企业、项目、班组的三级安全教育。

(1)园林工程现场施工安全生产常见事故类别。

1)人员受伤事故：如高处坠落、物体打击、触电事故、机械伤害、坍塌事故、火灾事故、爆炸事故、重物压倒(山石、大树)等。

2)施工现场作业面安全问题：如环境污染事故、环境生态破坏事故等。

3)施工机械设备安全问题：如机械伤人事故、机械设备受损事故、机械设备障碍事故、机械设备安装事故等。

4)施工材料及成品安全问题：如施工材料质量有问题、成品受损、成品不牢固、成品达不到设计要求等。

(2)施工现场的安全管理措施。

1)组建安全组织机构，对项目施工全程监控。可结合组建项目经理部并在相关部门中设立安全管理职能部门，负责安全责任管理。园林绿化工程涉及面广、施工点多。需要监控的点也就多，安全管理人员必须到位，形成安全监控网。

2)规划设计施工安全项目管理目标。项目经理部要及时组织有关部门人员对施工项目进行全面分析，预测并确定可能存在安全隐患的地方。项目经理要深入施工现场，对施工现场进行调查研究，收集各类施工条件资料，对安全技术作出规划与评估。

3)制定安全管理制度，落实安全责任制。施工企业要在原有安全制度的基础上，结合特定工程项目施工要求，可委托工程项目经理部及时制定科学、规范、适用的规章制度和规范，从而保证安全规划目标的实现，项目组要对新拟定的规章制度和规范进行审批、督促和效果考核。

施工企业要与项目组签订安全责任状，项目组又要与施工班组签订责任状，施工班组还要和施工人员签订安全令，层层落实。

4)开展安全技术教育，选用优秀安全人才。现场项目组要根据施工要求及时组织安全教育培训，将安全规划项目一一向施工员讲解，加强安全组织纪律，讲究培训效果。要选择精通园林绿化专业、经验丰富、熟悉安全规范标准、能驾驭施工面的人员负责施工管理。

5)做好园林工程现场施工安全管理。按施工平面布置，在各施工点、施工线及施工面上进行全面安全管理，对施工现场、施工材料、施工机械、施工人员、施工作品全程监控记录。

6)要注意工程施工安全检查评定工作。要按照国家、地方相关安全技术规范及标准对施工项目安全工作进行评价，总结哪些方面做得好，哪些方面还存在问题，积累施工安全监控经验，利于企业安全管理。

(3)施工安全责任处理。施工中出现安全责任事故，责任方必须承担法律责任。责任的认定按国家有关规定执行。施工中如果发生安全问题，必须采取特别措施，遵循"先救人后处理现场"的原则，以良好的人文理念做好事故处理工作。

学习情境八

材料使用计划的编制

学习情境描述

(1)教学情境描述：园林工程施工材料是工程项目的重要组成部分，在正式开工前就要制订相应的材料采购、验收、保管计划，以确保材料的供应满足施工需要。

(2)关键知识点：材料管理的内容；材料的分类。

(3)关键技能点：制订材料管理计划。

学习目标

(1)掌握材料管理的内容。

(2)熟悉材料的分类。

(3)能合理协调施工材料的采购、验收与保管。

任务书

根据工程条件，制订工程材料管理(采购、运输、验收、保管、领用、回收)计划。

班级		组号		指导教师	
组长		学号			
	姓名			学号	
组员					

任务分工：

获取信息

引导问题 1：仔细阅读本工程项目施工图纸——种植池三详图（码 8-1）。本部分的施工都将用到哪些工程材料（不包括工具、机械设备）？每种材料的用量是多少？

码8-1：
引导问题1

_____

_____

_____

【小提示】根据在施工生产中的作用进行分类，园林工程材料可分为以下几种。

1. 主要材料

主要材料是指直接用于工程、构成工程实体的各种材料，如砂、石、水泥、钢材、木材、玻璃等。

2. 结构件

结构件是指经过安装后能构成工程实体的各种加工件，如钢构件、钢筋混凝土构件、木构件等。结构件由建筑材料加工而成。

3. 低值易耗品

低值易耗品是指使用期短或价值较低、不够固定资产标准的各种物品，如用具、工具、劳保用品、玻璃器皿等。

4. 周转材料

周转材料是指在施工生产中能多次反复使用，而又基本保持原有形态并逐渐转移其价值的材料，如脚手架、模板等。

引导问题 2：不同的材料有不同的特性，水泥、钢材、木材、砂石四种材料在储存保管方面分别有哪些要注意的事项？

_____

_____

_____

_____

工作计划(方案)

步骤	工作内容	负责人
1		
2		
3		
4		
5		
6		
7		

进行决策

(1)各小组派代表阐述自己小组的方案。

(2)各小组对其他小组的方案提出自己的看法。

(3)教师对各小组的完成情况进行点评，选出最佳方案。

工作实施

(1)本工程项目现需要进行部分乔灌木的栽植，扫描右侧二维码（码 8-2），请根据所给图片提示，列举栽植工作所需要的材料列表。

(2)结合引导问题，制订出主要材料的采购、运输、验收、保管、使用、回收方面的管理计划(材料采购、运输的注意事项；不同材料的验收、保管方法；如何保证材料不被浪费，及时回收)。

码8-2：
工作实施

评价反馈

学生自评表

任务	完成情况记录
是否按计划时间完成	
相关理论完成情况	
技能训练情况	
材料上交情况	
收获	

学生互评表

序号	评价内容	小组互评	教师评价	总评
1	任务是否按时完成			
2	材料完成上交情况			
3	作品质量			
4	语言表达能力			
5	成员间合作面貌			
6	创新点			

相关知识点

材料管理的内容如下。

(1)材料计划管理。项目开工前，向企业材料部门提出一次性计划，作为供应备料依据；在施工中，根据工程变更及调整的施工预算，及时向企业材料部门提出调整供料月计划，作为动态供料的依据；根据施工平面图对现场设施的设计，按使用期提出施工设施用料计划，报供应部门作为送料的依据；按月对材料计划的执行情况进行检查，不断改进材料供应。

(2)材料进场验收与复试。为了把好质量关和数量关，在材料进场时必须根据进料计划、送料凭证、质量保证书或产品合格证，进行材料的数量和质量验收。验收工作按质量验收规范和计量检测规定进行，验收内容包括品种、规格、型号、质量、数量等。验收要做好记录、办理手续，对不符合计划要求或质量不合格的材料应拒绝验收。

现场材料人员接到材料进场的预报后，要做好以下五项准备工作。

1)检查现场施工便道有无障碍，是否平整通畅，车辆进出、转弯、调头是否方便，还应适当考虑回车道，以保证材料能顺利进场。

2)按照施工组织设计的场地平面布置图的要求。选择好适当的堆料场地，要求平整没有积水。

3)必须进现场临时仓库的材料，按照"轻物上架、重物近门、取用方便"的原则，准备好库位，防潮、防霉材料要事先铺好垫板，易燃易爆材料一定要准备好危险品仓库。

4)夜间进料要准备好照明设备，在道路两侧及堆料场地，都应有足够的亮度，以保证安全生产。

5)准备好起卸设备、计量设备、遮盖设备等。

现场材料的验收主要是检验材料品种、规格、数量和质量。验收步骤如下。

1)查看送料单，是否有误送。

2)核对实物的品种、规格、数量和质量，是否和凭证一致。

3)检查原始凭证是否齐全正确。

4)做好原始记录，填写收料日记，逐项详细填写；在其中的验收情况登记栏，必须将验收过程中发生的问题填写清楚。

根据材料的不同，其验收方法也不同。

1)水泥需要按规定取样送检，经试验安定性合格后方可使用。

2)木材质量验收包括材种验收和等级验收，数量以材积表示。

3)钢材质量验收分外观质量验收和内在化学成分、力学性能验收。

此外，园林建筑小品材料验收要详细核对加工计划，认真检查规格、型号和数量。园林植物材料验收时应确认植物材料形状尺寸(树高、胸径、冠幅等)、树型、树势根的状态及有无病虫害等，搬入现场时还要再次确认树木根系与土球状况、运输时有无损伤等，同时，还应该做好数量的统计与确认工作。

(3)材料的储存与保管。进库的材料应验收入库，建立台账；现场的材料必须防火、防盗、防雨、防变质、防损坏；施工现场材料的放置要按平面布置图实施，做到位置正确保管处置得当、合乎堆放保管制度；要日清、月结、定期盘点、账实相符。

园林植物材料坚持随挖、随运、随种的原则，尽量减少存放时间，如需假植，应及时进行。

(4)材料领发。凡有定额的工程用料，凭限额领料单领发材料；施工设施用料也实行定额发料制度，以设施用料计划进行总控制；超限额的用料，用料前应办理手续，填写限额领料单，注明超耗原因，经签发批准后实施；建立领发料台账，记录领发状况和节超状况。

学习情境九

竣工验收及养护期管理

学习情境描述

(1)教学情境描述：工程项目完成全部施工任务后，就可进入竣工验收及养护阶段。施工单位应在正式验收前进行所有相关工作的准备，包括资料整理、工程自检等。

(2)关键知识点：竣工验收的标准；竣工验收的程序；养护及管理的主要内容。

(3)关键技能点：竣工验收的各项准备工作。

学习目标

(1)掌握竣工验收的标准。

(2)熟悉竣工验收的程序。

(3)熟悉养护期管理的主要内容。

(4)能编写工程竣工验收资料。

任务书

整理工程资料，完成施工单位竣工验收的准备工作。

任务分组

班级		组号		指导教师	
组长		学号			
组员	姓名			学号	
任务分工：					

获取信息

引导问题1：依据施工图纸，完成全部施工内容后即进入竣工验收阶段。目前为止，已经完成了8个学习情境的工作任务，各小组将全部的任务资料归纳整理成册（以任务完成的先后顺序），并列出资料清单，内容包括资料名称、份数、资料主要内容、执笔人。

_____

_____

引导问题2：本工程项目在竣工验收前，施工单位进行了工程扫尾及自检，并拍摄了一些图片。扫描右侧二维码（码9-1），观察这些图片，列举出仍然需要补充完善的工作。

码9-1：
引导问题2

_____

_____

【小提示】在工程施工项目接近竣工时，要尽快做好施工现场收尾工作，特别是零星、分散的工作任务，验收前及时做好施工现场的清理工作。

在现场收尾工作的同时要进行质量自检。自检的标准应与正式验收的标准相同，参加人员由项目经理组织生产、技术、质量、合同、预算等有关的施工工长（施工员、工程负责人)共同参加。自检的方式分施工段、工种、专业按各自主管的内容进行认真检查，在检查中做好记录。对不符合要求的部位、项目，确定修补措施，并指定专人负责，定期修补完毕。对进行修补的部位指派专人负责检查，直到自检合格为止。施工单位通过自检合格，可以提请监理单位进行预验收。

工作计划(方案)

步骤	工作内容	负责人
1		
2		
3		
4		
5		
6		
7		

进行决策

(1)各小组派代表阐述自己小组的方案。

(2)各小组对其他小组的方案提出自己的看法。

(3)教师对各小组的完成情况进行点评，选出最佳方案。

工作实施

(1)已经完成了 8 个学习情境的工作任务，请整理这些任务的工程资料，归纳成册。

(2)正式验收前，要完成竣工验收前的准备工作。请写出应做哪些准备工作，这些工作的工作流程是什么？在这个过程中如果发现有工程质量问题，应如何解决？

评价反馈

学生自评表

任务	完成情况记录
是否按计划时间完成	
相关理论完成情况	
技能训练情况	
材料上交情况	
收获	

序号	评价内容	小组互评	教师评价	总评
1	任务是否按时完成			
2	材料完成上交情况			
3	作品质量			
4	语言表达能力			
5	成员间合作面貌			
6	创新点			

相关知识点

园林工程竣工验收是施工单位按照园林工程施工合同的约定，按设计文件和施工图样规定的要求，完成全部施工任务并可供开放使用时，施工单位竣工验收后向建设单位办理的工程交接手续。

园林工程竣工验收是建设者单位对施工单位承包的工程进行的最后施工验收，是园林工程施工的最后环节，是施工管理体制的最后阶段。搞好工程竣工验收能尽早交付使用，尽快发挥其投资效益。凡是一个完整的园林建设项目，或是一个单位的园林工程建成后达到正常使用条件的，都要及时组织竣工验收。

一、园林工程竣工验收的依据

(1)已被批准的计划任务书和相关文件。
(2)双方签订的工程承包合同。
(3)设计图样和技术说明书。
(4)图样会审记录、设计变更与技术核定单。
(5)现行国家和行业的施工技术验收规范。
(6)有关施工记录和构件、材料等合格证明书。
(7)园林管理条例及各种设计规范。

二、园林工程竣工验收的标准

园林工程一般可分为园林建筑工程和园林绿化工程两部分。

(1)园林建筑工程的验收标准。园林工程、游憩、服务设施及娱乐设施等建筑应按照设计图纸、技术说明书、验收规范及建筑工程质量检验评定标准验收，并应符合合同规定的工程内容及合格的工程质量标准。不仅建筑物室内工程要全部完工，而且室外工程的明沟、踏步斜道、散水，以及应平整建筑物周围场地，要清除障碍物，并做到水通、电通、道路通。

(2)园林绿化工程的验收标准。施工项目内容、技术质量要求及验收规范和质量应达到设计要求、验收标准的规定及各工序质量的合格要求，如树木的成活率，草坪铺设的质量，花坛的品种、纹样等。

1）园林绿化工程施工环节较多，为了保证工作质量，要做到以预防为主，全面加强质量管理，加强施工材料（种植材料、种植土、肥料）的验收。

2）必须强调中间工序验收的重要性，因为有的工序属于隐蔽性质，如挖种植穴、换土、施肥等，待工程完工后已无法进行检验。

3）工程竣工后，施工单位应进行施工资料整理，进行技术总结，提供有关文件，于一周前向验收部门提请验收。

4）乔灌木种植原则上应当年秋季或次年春季进行验收。因为绿化植物是具有生命的，种植后须经过缓苗、发芽、长出枝条，经过一个年生长周期，达到成活方可验收。

5）园林绿化工程竣工后，是否合格、是否能移交建设单位，主要从以下几个方面进行验收：树木成活率达到95％以上；强酸、强碱、干旱地区树木成活率达到85％以上；花卉植株成活率达到95％；草坪无杂草，覆盖率达到95％；整形修剪符合设计要求；附属设施符合有关专业验收标准。

三、园林工程竣工验收程序

工程项目按要求准备验收材料后，即可进入验收程序，其基本流程为：施工方提出工程验收申请→确定竣工验收的方法→绘制竣工图→填报竣工验收意见书→编写竣工验收报告→竣工资料备案。

四、工程项目竣工验收

工程项目竣工验收工作通常可分为初验（预验收）和正式验收两个阶段。对于小型工程可直接进行正式验收。

（1）预验收（竣工初验）。工程项目达到竣工验收条件后，施工单位在自检（自审自查、自评）合格的基础上填写工程竣工报验单，并将全部竣工资料报送监理单位，申请竣工验收。

监理单位接到施工单位报送的工程竣工报验单后，由总监理工程师组织专业监理工程师依据有关法律、法规、工程建设强制性标准、设计文件、施工合同，对竣工资料进行审查，并对工程质量进行全面检查，对检查出的问题督促施工单位及时整改。对需要进行功能试验的工程项目，监理工程师应督促施工单位及时进行试验，并对试验情况进行现场监督、检查。在监理单位预验收合格后，由总监理签署工程竣工报验单，并向建设单位提出质量评估报告。

（2）正式验收。建设单位在接到项目监理单位的质量评估报告和竣工报验单后，经过审查，确认符合竣工条件和标准，即可组织正式验收。

正式验收由建设单位组织设计单位、施工单位、监理单位组成验收小组进行竣工验收，对工程进行检查，并签署竣工验收意见。若是大中型项目，还要邀请计划、项目主管部门、环保、消防等有关单位及专家组成施工、设计、生产、决算、后勤等验收组进行验收。对验收中发现必须进行整改的质量问题，施工单位整改完成后，监理单位应进行复检。对某些剩余工程和缺陷工程，在不影响使用的前提下，由四方协商规定施工单位在竣工验收后限期内完成整改内容。正式竣工验收完成后，由建设单位和项目总监共同签署竣工移交证书。

五、园林工程项目移交

一个园林工程项目虽然通过竣工验收，并且获得验收委员会的高度评价，但实际上往往或多或少还可能存在一些漏项，以及工程质量方面的问题。因此，监理工程师要与承接施工单位协商一个有关工程收尾的工作计划，以便确定正式办理移交。工程移交不能占用很长时间，因而要求施工单位在办理移交工作过程中力求使建设单位的接管工作简便，移交清点工作结束后，监理工程师签发工程竣工交接证书。工程交接结束后，施工单位即应按照合同规定的时间完成对临时建筑设施的拆除和施工人员及机械的撤离工作，并做到工完场清。

六、园林工程的养护期管理

园林工程的施工完工并不意味着工程的结束，一般情况下，还要按照有关规定对所承包的工程进行一定时间的养护管理，以确保工程的质量合格。竣工后的养护期根据不同的工程情况时间长短也不相同，一般为1～3年。俗话说："三分种植，七分养护"，就说明了养护管理的重要性。根据不同花木的生长需要与道路景观的要求及时对花木进行浇水、施肥、除杂草、修剪、病虫害防治等工作，这是花木赖以生存的根本。由于园林工程所特有的生物特点，对种植材料的养护管理就几乎成为所有园林工程养护计划的重中之重，要细致规划、认真实施，以确保所种植的植物的成活率。

（1）浇水。土壤、水分、养分是植物生长必不可少的三个基本要素。在土壤已经选定的条件下，必须保证植物生长所需的水分和养分，有利于尽快达到绿化设计要求和景观效果。

1）浇水原则。根据不同植物生物学特征（树木、花、草）、大小、季节、土壤干湿程度确定。需做到及时、适量、浇足浇遍、不遗漏地块和植株。生长季节及春旱、秋旱季节适时增加叶面喷水，保证土壤湿度及空气湿度。

2）浇水量。根据不同植物种类、气候、季节和土壤干湿度确定。一般情况下，乔木 30～40 kg/（次·株），灌木 20～30 kg/（次·m^2），草坪 10～20 kg/m^2，以深度达根部、土壤不干涸为宜。气候特别干旱时，除浇足水分外，还应增加叶面喷水保湿，减少蒸发，要求浇遍浇透。

3）浇水次数。开春后植物进入生长期，需要及时补充水分。生长期应每天浇水，休眠期每半月或一个月浇水一次，花卉草坪应按生长要求适时浇水。各种植物年浇水次数不得少于下列值：乔木 6 次；灌木 8 次；草坪 18 次。

4）浇水时间。浇水时间集中于春、夏、秋末。夏季高温季节应在早晨或傍晚时进行，冬季宜午后进行。每年 9 月至次年 5 月，每周对灌木进行冲洗，确保植物叶面干净。

5）浇水方式。无论是用水车喷洒或就近水桩灌溉，都必须随时满足浇水所用工具和机具运行良好。最好采用漫灌式浇水。土壤特别板结或泥沙过重水分难于渗透时，应先松土草坪打孔后再浇。肉质根及球根植物浇水以土壤不干燥为宜。

6）雨季注意防涝排洪，清除积水，防止树木倒伏，必要时可用支柱扶正。

（2）施肥。

1）肥料是提供植物生长所需养分的有效途径。一标段区域本身土质较差，空气污染较严重，土壤肥力较低，施肥工作尤为重要。

2）施肥主要有基肥和追肥。植物休眠期内施基肥，以充分发酵的有机肥最好。追肥可用复合有机肥或化肥，花灌木在开花后，要施一次以磷钾为主的追肥。秋季采用磷、钾肥后期追肥，施肥以浇灌为主，结合叶面喷洒等辅助补肥措施施行。

3）施肥量。根据不同植物、生长状况、季节确定。应量少次多，以不造成肥害为度，同时满足植物对养分的需要。追肥因肥料种类而异，如尿素亩用量不超过 20 kg。

4）施肥次数。根据不同植物、生长状况、季节确定，如乔木基肥每年不少于 1 次，追肥每年不少于 2 次；草坪、花卉追肥 1 次以生态有机肥为主，适量追加复合肥。追肥通常安排在春夏两季特殊情况下，如有特殊要求，花卉应增加施肥次数。地被植物按氮：磷：钾肥＝10：8：6 的比例在每年春秋雨季，结合浇水进行追肥，用量为 3.0 g/m²，同时进行施用生态有机肥与灌沙打孔工作，以增加植物抗性及长势，秋冬季结合疏草、打孔、切根、追肥、供水。

5）新栽植物或根系受伤植物，未愈合时不应施肥。

6）施肥应均匀，基肥应充分腐熟埋入土中，化肥忌干施，应充分溶解后再施用，用量应适当。

7）施肥应结合松土、浇水进行。

①松土。在生长季节进行，用钉耙或窄锄将土挖松，应在草坪上打孔、打洞改善根系通气状况，调节土壤水分含量，提高施肥效果。将打孔、灌沙、切根、疏草结合进行，一般采用 50 穴/m²，穴间距为 15 cm×5 cm，穴径为 1.5～3.5 cm，穴深为 8 cm，每年不能少于两次。

②除草。掌握"除早、除小、除了"的原则。绿地中应随时保持无杂草，保证土壤的纯净度。除草应尽量连根除掉。杂草应采用人工除草与化学除草相结合，一旦发现杂草，除用人工挑除外，还可用化学除草剂。应正确掌握和了解化学除草剂的药理。但应先试验后使用，以不造成药害为宜。

（3）植物的修剪。

1）修剪应根据植物的种类、习性、设计意图、养护季节、景观效果进行，修剪后要求达到均衡树势、调节生长、花繁叶茂的目的。

2）修剪包括剥芽、去蘗、摘心摘芽、疏枝、短截、疏花疏果、整形、更冠等技术方法，宜多疏少截。

3）修剪时间：天竺桂等落叶乔木在休眠期进行，灌木根据设计的景观造型要求及时进行。

4）修剪次数：乔木不能少于 1 次/年，造型色彩灌木 4～6 次/年，结合修剪清除枯枝落叶。球形植物的弧边要求修剪圆阔。

5)花灌木定型修剪：分枝点上树冠圆满，枝条分布均匀，生长健壮，花枝保留3～5个，随时清除侧枝、冀芽。球形灌木应保持树冠丰满，形状良好。色块灌木应按要求的高度修剪，平面平整，边角整齐。绿篱式灌木观赏的三方应整齐。

6)对某种植物进行重度修剪时或操作人员拿不准修剪尺度时，须通知监理工程师，在其指导下进行。

7)修剪须按技术操作规程和要求进行，同时须注意安全。

（4）病虫害防治。

1)植物病虫害防治可以保证植物不受伤害，达到理想的生长效果，是养护管理的重要措施，必须及时有效地抓好该项工作。

2)病虫害防治必须贯彻"预防为主，综合防治"的植保方针，病虫害发生率应控制在5%以下。尽可能采用综合防治技术，使用无污染、低毒性农药把农药污染控制在最低限度。

3)掌握植物病虫发生、发展规律，以防为主，以治为辅，将病虫控制和消灭在危害前，要求勤观察，发现后及时防治。食叶害虫，在幼虫盛卵期采用90%晶体敌百虫1 000～1 500 倍液，25%氢菊酯400 倍液喷施防治；冬季结合修校整形剪除上部越冬虫口，并将剪下的虫苞集中销毁。防治阶壳虫、蠕类、蚜虫等，先用40%氧化乐果1 500～2 000 倍液，40%速克、速补杀进行防治。

植物病害要结合乔灌木具体树种针对进行，养护管理期，应加强管理，注意通风，控制温度，增施磷、钾肥，增强植物抗病能力，及时清除病枝、病叶。在药剂方面最好在早春发芽前喷2%～3%石硫合剂，以杀死越冬病菌。发病期喷25%粉锈宁可湿性粉剂1 500～2 000 倍液或70%甲基托布津，50%代森铵等可湿性粉剂800～1 500 倍液，以控制蔓延，时间要求每隔10 天左右一次，连续2～3 次用药，防治锈病、白粉病、黑斑病等症状。力争做到预防为主，综合防治。

4)正确掌握各种农药的药理作用，充分阅读农药使用说明书，注意农药的使用，对症下药，配制准确，使用方法正确。混合充分，喷洒均匀，不造成药害。

5)防治及时、不拖不等。乔木3～5 次/年；灌木5～8 次/年；草坪8～12 次/年。

6)农药应妥善保管，严格按操作规程使用，特别是道路绿化区域的特殊情况，应高度注意自身及他人安全。

（5）补栽。

1)补栽应按设计方案使用同品种、同规格的苗木。补栽的苗木与已成形的苗木胸径相差不能超过0.5 cm，灌木高度相差不能超过5 cm，色块灌木高度相差不得超过10 cm。

2)补栽须及时，不得拖延；原则上自行确定补栽时间，当工程管理部门通知补栽时，不得超过5 个工作日。

3)补栽的植物须精心管理，保证成活，尽快达到同种植物标准。

（6）支柱、扶正。

1)道路绿地车流量大，人员流动量大，常会发生因人为因素损坏植物的情况，加上绿地区域空旷，夏季风大，难免造成树木倾斜和倒伏，因此，扶正和支柱非常重要。

2)支柱所用材料为杉木杆或竹竿，一般采用三角支撑方式，原则上以树木不倾斜为准。不得影响行人通行，并且满足美观、整齐的要求。

3)扶正支柱须及时发现、及时支柱，每月一次专项检查。采用钢丝作为捆扎材料，一定时期应检查捆扎材料对树木有无伤害，如有伤害应及时拆除捆扎材料，另想其他方法。

(7)绿地清洁卫生。

1)每天上午8：00—12：00，下午2：00—6：00必须有保洁人员在现场，随时保持绿地清洁、美观。

2)及时清除死树、枯枝。

3)及时清除垃圾、砖头、瓦块等废弃物。

4)及时清运剪下的植物残体。

(8)高温与寒冷季节绿地养护措施。

1)高温季节的养护技术措施。

①对于树冠过于庞大的苗木进行适当修剪、抽稀，减少苗木地上部分的水分蒸发。

②在每日早晚进行喷水养护，保持苗木地上部分潮湿的环境，建立苗木生长小环境。

③针对一些不耐高温及新种苗木采取遮阴措施，但是傍晚必须扯开遮阴网，保证苗木在晚上吸收露水。

④经常疏松苗木根部的土壤，如果有必要，一些大乔木还可以根部培土，保证土壤保水能力及植物生长需要。

2)防寒养护技术措施。

①加强栽培管理，适量施肥与灌水促进树木健壮生长，叶量、叶面积增多，光合效率高，光合产物丰富，使树体内积累较多的营养物质，增加抗寒力。

②灌冻水：在冬季土壤易冻结地区，于土地封冻前，灌足一次水，称为"灌冻水"。灌冻水的时间不宜过早，否则会影响抗寒力，一般以"日化夜冻期"为宜。

③根茎培土：冻水灌完后结合封堰，在树木根茎部培起直径80～100 cm、高40～50 cm的土堆，防止冻伤根茎和树根。同时，也能减少土壤水分的蒸发。

④复土：在土地封冻以前，可将枝条柔软、树身不高的乔灌木压倒固定。覆细土40～50 cm，轻轻压实。这样不仅能防冻，还可以保持枝干的温度，防止有枯梢。

⑤架风障：为减低寒冷、干燥的大风吹袭，造成树木冻旱的伤害。可以在树的上方架设风障，高度要超过树高，并用竹竿或杉木桩牢牢钉住，以防止大风吹倒，漏风处再用稻草在外披覆好，或在席外抹泥填缝。

⑥涂白：用石灰加石硫合剂对树干涂白，可以减少向阳皮部因昼夜温差大引起的危害，还可以杀死一些越冬病虫害。

⑦春灌：早春土地开始解冻后，及时灌水，经常保持土壤湿润，可以降低土温，防止春风吹袭使树枝干枯。

⑧培月牙形土堆：在冬季土壤冻结、早春干燥多风的大陆性气候地区，有些树种虽耐寒，但易受冻旱的危害而出现枯梢。针对这种原因，对于不便弯压埋土防寒的植株，可在土壤封冻前，在树木北面，培一向南弯曲、高30～40 cm的月牙形土堆。早春可挡风，根系能提早吸水和生长，即可避免冻旱的发生。

⑨卷干、包草：冬季湿冷的地方，对不耐寒的树木用草绳绕主干或用稻草包裹主干和部分主枝来防寒。

※ 模块小结

　　园林工程项目管理是一项复杂的劳动，其中涉及人力、材料、成本、施工质量、安全等方面。作为一名管理人员，需要对以上工作进行统一、合理的规划协调，这样才能保证工程项目的顺利实施，按期完成施工任务。

　　本模块对照施工单位工作实际，以真实的工程项目为依托，共设置了 6 个学习情境，学生分别完成人力、材料、成本等方面的工作任务。在此过程中，学生掌握了相关的管理技能，初步具备了解决实际工作问题的能力。

※ 课后习题

一、填空题

1. 园林工程施工质量的形成因素包括_____、_____、_____、_____、_____。

2. 现场质量检测的方法有_____、_____、_____。

3. 按生产费用计入成本的方法来划分，工程成本可分为_____和_____。

4. 施工组织方式是指对施工对象在空间和时间上的组织安排方式，它可以采用的三种方式是_____、_____、_____。

5. 作为一名施工管理人员，我们应能识别一些计量单位的符号并能够进行换算，$0.8\ hm^2 =$_____$m^2 =$_____亩。

二、单选题

1. 在进度控制的不同阶段，控制的内容也不一样。其中（　　）的内容最复杂也最关键。
   A. 施工准备阶段　　B. 施工阶段　　　　C. 竣工阶段　　　　D. 养护阶段

2. （　　）是工程建设中常用的周转材料。
   A. PVC 管　　　　B. 钢模板　　　　C. 喷头　　　　　D. 钢筋

3. 下列选项中，属于间接成本的是（　　）。
   A. 生产工人工资　　B. 施工排水费　　C. 住房公积金　　D. 环境保护费

4. 苗木栽植工程中，（　　）中的费用不属于直接工程费。
   A. 临时设施　　　　B. 租赁挖机　　　C. 材料费　　　　D. 工人工资

5. 园林工程施工质量控制中，抽查大理石板的平整度，属于（　　）的控制。
   A. 材料　　　　　　B. 方法　　　　　C. 环境　　　　　D. 人

三、问答题

1. 谈谈你对隐蔽工程的理解。

2. 影响施工质量的因素有人、材料、机械、环境、方法五个方面。人如何影响施工质量？

3. 安全检查的主要内容有哪些？

四、思考与实训

某园林工程公司承接沈阳市道路绿化工程，全长为 5 km。按设计规定，该道路行道树为银杏，胸径为 15 cm。

在施工过程中，发生如下事件。

事件一：带土球移植，土球大小符合规定；种植穴已提前挖好，形状上大下小，上口径比下口径大约 20 cm，且与土球直径相近。

事件二：在挖种植穴过程中发现，有 5 个树位处地表下 70 cm 处有未被标注的供暖管道，针对此种情况，甲乙双方口头协商后，将这 5 棵树所在位置改为铺设草坪，面积约为 5 m²。

事件三：为保证树木成活，项目部在树木定植后第 2 天开始灌水，持续 3 天，每天一次。

事件四：施工结束后，施工方整理的施工资料，包括土壤特性、气象状况、环境条件、种植位置、栽植后生长状况、种植数量，以及种植工人和栽植单位与栽植者姓名等。

问题：

1. 指出事件一中做法错误之处，并改正。

2. 分析事件二中更改设计的原因，指出甲乙双方口头协商的不妥之处并纠正。

3. 指出事件三中不妥之处，并改正。

4. 在事件四中，验收还应补充哪些资料？

拓展天地

秦始皇统一六国后，匈奴时常为祸边境，为了加强首都与北部边疆的联系，公元前 212 年，秦始皇命令大将蒙恬率领 30 万将士修筑"秦直道"。该条道路南起咸阳，北至九原郡，全长 700 多千米，是人类历史上第一条"高速公路"。

"秦直道"以石灰土为路基，大大增强了道路的强度及抗冲刷能力。该条道路质量之高、存续时间之久世间罕见，为中华民族抵抗外族侵略作出了巨大贡献，是祖先们给我们留下的一份珍贵遗产。

模块三 园林工程资料管理

先导案例

园林工程资料是园林工程项目的重要文件，项目部会设置专职的资料员进行工程资料的填写、整理。工程资料管理随着各项工程施工项目的开展贯穿始终。本项目是绿化改造工程，既有老旧设施的拆除、翻新，也有新项目的兴建。这么复杂的施工现场，对应的工程资料都有哪些？施工单位在拆除老旧设施的时候需要填写施工资料吗？如果需要，应填写哪些资料？如果某天施工现场接收了一批水泥，需要为这些水泥填写工程资料吗？所有有关工程资料的问题都可以在本模块中得到答案。

思维导图

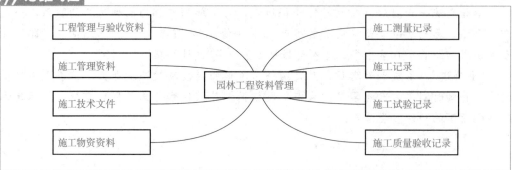

学习目标

知识目标

1. 理解园林工程资料管理员的工作职责。

2. 理解资料管理的基本原则。

3. 熟悉施工资料管理分类和功能。

4. 熟悉资料管理流程。

5. 掌握施工资料主要表格填写方法及要点。

6. 掌握工程资料组卷的基本方法。

能力目标

1. 能独立完成施工资料主要表格的填写。

2. 能正确开展工程管理资料、施工管理资料、施工技术文件、施工物资资料、施工测量记录、施工记录、施工试验记录的管理工作。

3. 熟悉园林绿化工程施工验收资料的管理工作，具备园林绿化工程资料归档与管理的能力。

素质目标

1. 利用典型案例创设有效学习情境，引导学生独立分析问题，通过交流、探讨解决问题，激发学生的学习兴趣，培养学生的自主学习能力和沟通能力。

2. 培养学生具有严谨的工作态度，具有工程资料管理的质量好坏直接决定工程质量的意识，具备良好的职业道德与职业素养。

3. 培养学生具有较强集体意识和团队合作精神，勇于奋斗、乐观向上，具有较强的创新意识和创新精神。

育人目标

党的二十大报告指出：我们要加快建设法治社会，深入开展法治宣传教育，增强全民法治观念，推进多层次多领域依法治理，提升社会治理法治化水平。

工程资料管理在园林工程管理中具有重要作用，需要严格按照国家法律法规、规范标准完成工作任务。通过设置学习情境，以工作任务为驱动，培养学生正确认识问题、分析问题和解决问题的能力，响应党的二十大号召，依法办事，依规办事。培养学生精益求精的大国工匠精神，激发家国情怀和使命担当。

学习情境十

工程资料分类

学习情境描述

（1）教学情境描述：在进行园林工程资料收集与编制任务前，应首先熟悉工程资料的分类情况。根据《建设工程文件归档规范（2019年版）》（GB/T 50328—2014）、《园林绿化工程资料管理规程》（DB11/T 712—2019），完成工程资料分类的学习。在本学习情境中，各小组根据要求，完成《工程资料分类表》的补充填写。

（2）关键知识点：工程资料分类及编号；施工资料分类及内容；施工资料编号组成。

（3）关键技能点：园林工程施工资料分类表格的补充填写；园林工程施工资料编号填写。

(1)了解工程资料管理的基本原理。

(2)熟悉工程资料管理分类和功能。

(3)掌握施工资料分类方法及种类,准确填写施工资料编号。

任务书

完成"工程资料分类"的补充填写。

任务分组

班级		组号		指导教师	
组长		学号			
组员	姓名			学号	
任务分工:					

获取信息

引导问题 1:扫描右侧二维码(码 10-1),阅读其中的内容后填写表 10-1。

码10-1:
引导问题1

表 10-1 工程资料分类表

类别编号	资料名称	备注
A 类		
B 类		
C 类		
D 类		
E 类		

引导问题 2：扫描右侧二维码(码 10-2)，阅读其中的内容后，补充横线上提示术语的定义。

工程资料：_____

基建文件：_____

监理资料：_____

施工资料：_____

竣工图：_____

工程档案：_____

立卷：_____

码10-2：
引导问题2

【小提示】工程资料管理贯穿整个工程项目建设的始终，新建项目自项目申请起，经过可行性研究、办理征用地、测量勘察、设计招投标、编制设计文件、建设规划申报、施工图报审、监理招投标、施工招投标、办理开工手续、施工、工程报验、监理单位组织竣工预验收、工程档案预验收、工程质量竣工验收，直至项目完成最终的工程验收，形成不同类型的工程资料。各工作单位因其负责工作内容不同，站位不同，涉及资料管理也各有侧重。

建设单位作为建设工程的发起者、组织管理者，须对工程建设过程中形成的基建文件进行收集汇编，具体包括工程决策立项文件，建设用地、征地与拆迁文件，勘察、测绘与设计文件，工程招投标与承包合同文件，工程开工文件，商务文件，工程竣工备案文件及其他文件。

监理单位接受建设单位的委托，承担项目管理工作，并代表建设单位对承包单位的建设行为进行监督管理。监理工作主要集中在施工过程当中，对工程项目进行质量管理、安全管理、进度管理、投资控制管理等工作。在工程监理过程中，形成的监理工作文件主要有监理规划、监理实施细则、监理日志、监理会议纪要、监理工作总结等。

施工单位承接项目施工工作，一个工程质量的优劣，施工单位起着至关重要的作用，施工资料包括了施工准备阶段资料、施工过程资料，以及竣工验收等资料。本书在后续内容中，将重点讲解施工资料的分类、收集与编制。

工作计划(方案)

步骤	工作内容	负责人
1		
2		
3		
4		
5		
6		
7		

进行决策

(1)各小组派代表阐述自己小组的分工，填表方法。

(2)各小组派代表阐述施工资料分类情况、包含内容。

(3)教师对各小组的完成情况进行点评，总结施工资料分类依据、分类方法。

工作实施

码10-3：
工作实施

各组参照《园林绿化工程资料管理规程》(DB11/T 712—2019)规定，扫描右侧二维码(码10-3)，阅读其中的内容后，填写表10-2施工资料分类表。

表 10-2 施工资料分类表

类别编号	资料名称	表格编号 (或资料来源)	保存单位			
			施工 单位	监理 单位	建设 单位	备案 部门
C 类	施工资料					
C0	工程管理与验收资料					
	工程概况表	表 C0-1	●			●
		表 C0-2				
		表 C0-3				
		表 C0-4				
		表 C0-5				
	单位(子单位)工程竣工预验收报验表	表 C0-6	○	●	●	
		表 C0-7				
	单位(子单位)工程质量控制资料核查记录	表 C0-8	●	○	●	
	单位(子单位)工程安全、功能和植物成活要素 检验资料核查及主要功能抽查记录	表 C0-9	●	○	●	
	单位(子单位)工程观感质量检查记录	表 C0-10	●	○	●	
	单位(子单位)工程植物成活率统计记录	表 C0-11	●	○	●	
	施工总结	施工单位编制	●		●	
		表 C0-12				
C1	施工管理资料					
		表 C1-1				
		表 C1-2				
	工程开工报审表	表 C1-3	●	●	○	
	分包单位资格报审表	表 C1-4	●	●	○	
		表 C1-5				

类别编号	资料名称	表格编号（或资料来源）	保存单位			
			施工单位	监理单位	建设单位	备案部门
	（）月工、料、机动态表	表 C1-6	○	○		
	工程延期申报表	表 C1-7	●	●	●	
	工程复工报审表	表 C1-8	●	●	○	
		表 C1-9				
		表 C1-10				
		表 C1-11				
		表 C1-12				
	监理通知回复单	表 C1-13	●	●		
C2	施工技术文件					
	工程技术文件报审表	表 C2-1	●	●	○	
	施工组织设计	施工单位	●	○	●	
		表 C2-2				
		表 C2-3				
	设计交底记录	表 C2-4	●	●	●	
		表 C2-5				
	设计变更通知单	表 C2-6	●	●	●	
		表 C2-7				
		表 C2-8				
	安全检查记录	表 C2-9	●	○		
C3						
C4						
C5						
C6						
C7	施工质量验收记录					
	分项/分部工程施工报验表	C7-1	●	●	●	
		C7-2				
		C7-3				
		C7-4				

注：●为归档保存资料；○为过程控制资料，可根据需要归档保存

学生自评表

任务	完成情况记录
是否按计划时间完成	
相关理论完成情况	
技能训练情况	
材料上交情况	
收获	

学生互评表

序号	评价内容	小组互评	教师评价	总评
1	任务是否按时完成			
2	材料完成上交情况			
3	作品质量			
4	语言表达能力			
5	成员间合作面貌			
6	创新点			

相关知识点

　　工程资料管理是工程项目施工管理中的一项重要组成部分，是工程建设及竣工验收的必备条件，工程资料管理贯穿于整个工程的始终，对现场施工起到监督作用。作为项目管理者和资料管理人员，应在遵守建设工程相关国家法律、法规及工程所在地建设主管部门规章文件的前提下，严格执行各项标准、规范。

一、园林工程资料的特征

　　园林工程资料管理是园林工程项目管理的重要组成部分，它记载着整个工程施工活动全过程，是工程建设至竣工验收及备案的必需条件；是核查工程建设合法性和施工组织过程、质量等方面的依据；也是工程在使用过程中进行检查、维修、改建和扩建的原始资料。园林工程资料的完整与质量的好坏，直接影响这个工程项目真实情况的反映，同时，也体现出一个施工企业整体管理水平。它具有以下几个方面的特征。

　　(1)真实性。园林工程建设是一个复杂的过程，园林工程资料应与园林工程建设过程同步进行，并应真实反映工程建设的情况，不得进行伪造，包括发生的事故及存在的隐患。

（2）完整性。园林工程建设是一个较长期的过程，生产工艺复杂，材料种类繁杂，受影响因素多，园林工程资料必须保证其齐全完整，才能全面反映工程建设过程的信息。

（3）有效性。园林工程资料是不断积累的，可被继承，具有可追溯性，并且必须具有有效性，才能成为工程进行检查、验收、管理、使用、维护、改建和扩建的依据。

（4）复杂性。由于园林工程资料涉及园林工程建设的各个专业，依附于不同的专业对象，综合了质量、进度、造价、合同、组织、协调等方面的内容，具有综合性和复杂性。

二、资料员岗位能力要求

1. 资料员岗位职责

（1）严格贯彻执行国家法律、法规，工程技术各项规程、规范标准、管理制度及项目合同要求，了解工程进度。

（2）负责收发建设、监理、各管理部门等相关单位下发的各种图纸、变更、文件等资料，并登记造册，妥善保管。

（3）负责工程技术资料的收集、整理、保存与归档，及时清理并标注作废资料，确保不被误用。

（4）按工程实际情况填写工程技术资料，督促项目部各部门技术资料的完成情况。

（5）按照资料管理规程的要求，在规定时间内对竣工技术资料进行组卷、移交，为竣工备案及项目结算创造条件。

（6）完成上级公司及项目领导下达的各项任务。

2. 资料员岗位要求

资料员的职业性质决定了其必须具备的素质要求，资料员的职业素质要求应包括以下几个方面。

（1）要有良好的思想素质和道德风范。这是职业素质中排列在第一位的重要要求。诚信守纪，作风正派，具有良好的人格、性格特征和心理品质、积极的劳动态度，才能在实际管理工作中做到务实求真，同时，不断地提高自身业务水平。

（2）要有合理的知识结构和学习能力。园林工程资料管理是一项集项目建设管理、施工管理、档案管理知识、计算机操作知识等为一体的复合型工作，所以，资料员必须具备一定的园林专业知识、档案专业知识、计算机应用软件操作知识等，具体要求有熟知现行的国家、省市级城市园林工程和档案工作法律、法规、政策、标准、规定等，能读懂一般园林工程施工图纸；能正确运用和填写各种施工记录表格；熟悉工程档案归档要求、内容、时限等规定；掌握资料的收集、编制、整理的方法；了解文秘基础知识，会撰写工程活动的报告、通知、纪要等常用公文；熟悉运用相关的计算机管理软件等。

（3）要有较强的表达与沟通能力。对于项目内部，资料员要能清晰、明确地向项目部成员表达工程档案的形成要求，同时，通过与项目部成员交流沟通，获取工程项目实时状况，与收集工程资料进度作核查对比。对于项目外部，如建设单位、监理单位、设计单位、建设管理部门等，资料员也要积极沟通，准确获取对方要求、目标，及时传达到项目内部。总之，资料员要与他人、社会、自我之间建立和谐融洽的关系。

（4）要有良好的身体素质。资料管理工作具有很强的时效性，施工现场是资料产生的源泉。作为资料员，要具备良好的身体素质，能够深入施工现场，了解项目生产的实际情况，获取第一手施工资料，及时跟踪、整理归档各种资料。

三、园林工程资料管理规范、标准

园林工程资料管理工作是在遵守《中华人民共和国建筑法》《建设工程质量管理条例》(国务院令第 279 号)、《中华人民共和国民法典》《中华人民共和国招标投标法》《中华人民共和国产品质量法》等国家法律及法规和工程所在地建设主管部门规章文件的前提下，严格执行各项标准。

标准是为了在一定的范围内获得最佳秩序，经协商一致，制定并由公认机构批准，共同使用和重复使用的一种规范性文件。

1. 根据标准的约束性划分

（1）强制性标准。保障人体健康、人身财产安全的标准和法律、行政性法规规定强制执行的国家和行业标准是强制性标准，省、自治区、直辖市标准化行政主管部门制定的工业产品的安全、卫生要求的地方标准在本行政区域内是强制性标准。对工程建设业来说，下列标准属于强制性标准：工程建设勘察、规划、设计、施工（包括安装）及验收等通用的综合标准和重要的通用的质量标准；工程建设通用的有关安全、卫生和环境保护的标准；工程建设重要的术语、符号、代号、计量与单位、建筑模数和制图方法标准；工程建设重要的通用的试验、检验和评定等标准；工程建设重要的、通用的信息技术标准；国家需要控制的其他工程建设通用的标准。

（2）其他非强制性的国家和行业标准是推荐性标准。推荐性标准国家鼓励企业自愿采用。

2. 根据内容划分

（1）设计标准。设计标准是指从事工程设计所依据的技术文件。

（2）施工标准及验收标准。施工标准是指施工操作程序及其技术要求的标准；验收标准是指检验、接收竣工工程项目的规程、办法与标准。

（3）建设定额。建设定额是指国家规定的消耗在单位建筑产品上活劳动和物化劳动的数量标准，以及用货币表现的某些必要费用的额度。

3. 我国标准的权限范围分类

（1）国家标准。国家标准是对需要在全国范围内统一的技术要求制定的标准，由国务院标准化行政主管部门(现为国家质量技术监督检验检疫总局)制定(编制计划、组织起草、统一审批、编号、发布)。国家标准在全国范围内适用，其他各级别标准不得与国家标准相抵触。国家标准的编号为强制性国家标准(GB)、推荐性国家标准(GB/T)、国家标准指导性技术文件(GB/Z)等。

(2)行业标准。行业标准是对没有国家标准而又需要在全国某个行业范围内统一的技术要求所制定的标准。由我国各主管部、委(局)批准发布，在该部门范围内统一使用的标准，称为行业标准。机械、电子、建筑、化工、冶金、轻工、纺织、交通、能源、农业、林业、水利等行业，都制定有行业标准。当同一内容的国家标准公布后，则该内容的行业标准即行废止。行业标准分为强制性标准和推荐性标准。涉及代号为城镇建设(CJ)、建筑工业(JG)、建工行标(JGJ)、建材行业(JC)。

(3)地方标准。地方标准是对没有国家标准和行业标准而又需要在该地区范围内有统一的技术要求所制定的标准。地方标准又称区域标准，没有国家标准和行业标准而又需要在省、自治区、直辖市范围内有统一的工业产品的安全、卫生要求时，可以制定地方标准。地方标准由省、自治区、直辖市标准化行政主管部门制定，并报国务院标准化行政主管部门和国务院有关行政主管部门备案。在公布国家标准或行业标准之后，该地方标准即行废止。

(4)企业标准。企业标准是对企业范围内需要协调、统一的技术要求、管理事项和工作事项所制定的标准。没有国家标准、行业标准和地方标准的产品，企业应当制定相应的企业标准，企业标准应报当地政府标准化行政主管部门和有关行政主管部门备案。企业标准在企业内部适用。企业标准由企业制定，由企业法人代表或法人代表授权的主管领导批准、发布。企业标准一般以"Q"作为企业标准代号的开头。

编制、整理园林工程资料，要以现行国家、部门有关质量管理法律、法规目录，以及现行质量管理规范、标准等为依据。现行常用质量管理规范、标准及部分文件目录见表 10-3。

表 10-3　常用质量管理规范、标准及部分文件目录表

序号	名称	编号	备注
1	建设工程文件归档规范(2019 年版)	GB/T 50328—2014	
2	建筑工程资料管理规程	JGJ/T 185—2009	
3	园林绿化工程施工及验收规范	CJJ 82—2012	
4	园林绿化工程资料管理规程	DB11/T 712—2019	
5	建筑工程施工质量验收统一标准	GB 50300—2013	
6	砌体结构工程施工质量验收规范	GB 50203—2011	
7	混凝土结构工程施工质量验收规范	GB 50204—2015	
8	钢结构工程施工质量验收标准	GB 50205—2020	
9	木结构工程施工质量验收规范	GB 50206—2012	
10	屋面工程质量验收规范	GB 50207—2012	
11	地下防水工程质量验收规范	GB 50208—2011	
12	建筑地面工程施工质量验收规范	GB 50209—2010	
13	园林绿化木本苗	CJ/T 24—2018	

序号	名称	编号	备注
14	园林绿地工程建设规范	DB11/T 1175—2015	
15	园林铺地工程施工规程	DB11/T 1143—2023	
16	园林绿化工程竣工图编制规范	DB11/T 989—2022	
17	园林绿化养护管理标准	DB21/T 1954—2012	
18	园林绿化养护管理技术规程	DB21/T 2109—2013	
19	园林植物栽植技术规程	DB21/T 2399—2015	

学习情境十一

工程管理资料的收集与编制

学习情境描述

（1）教学情境描述：在编制工程管理资料前，资料员应熟悉工程管理资料分类，工程管理资料表格样式、填写内容；熟悉项目基本情况；收集相关资料文件，如施工图纸、施工合同、相关备案文件等。在本学习情境中，各小组根据要求，完成《工程概况表》《项目大事记》《工程质量事故记录》《工程质量事故处理记录》的编制工作。

（2）关键知识点：工程管理资料的分类；工程管理资料编制内容、要求；工程质量事故的调查与处理办法。

（3）关键技能点：项目概况表、项目大事记、工程质量事故记录、工程质量事故处理记录的填写。

学习目标

（1）掌握工程管理资料表格填写内容及要求。
（2）掌握工程管理资料审批流程。
（3）能依据项目实际情况正确填写工程管理资料表格。

任务书

完成《沈阳市×××公园改造工程》工程管理资料表格的填写。

任务分组

班级			组号		指导教师	
组长			学号			
组员	姓名				学号	

任务分工：

获取信息

引导问题 1：扫描右侧二维码（码 11-1），阅读其中的内容后，试编制本项目《工程概况表》《项目大事记》《工程质量事故记录》《工程质量事故处理记录》的资料编号。

码11-1：
引导问题1

_____

_____

【小提示】根据《园林绿化工程资料管理规程》（DB11/T 712—2019）的规定，在填写资料表格时，施工资料编号应填入表格右上角的编号栏。

通常，施工资料编号应为 9 位编号，由分部工程代号（2 位）、子分部工程代号（2 位）、资料类别编号（2 位）和顺序号（3 位）组成，每部分之间用横线隔开。

对按单位工程管理，不属于某个分部、子分部工程的施工资料，其编号中分部、子分部工程用代号"00"代替。表 11-1 以"绿化用地处理记录"为例，说明代号填写依据。

表 11-1　绿化用地处理记录表

绿化用地处理记录	编号	01-01-C5-001

＊ 01-01-C5-001 填写说明如下：

"01"为分部工程代号（2 位），应根据资料所属的分部工程，参照附录 A 规定的代号填写；

"01"为子分部工程代号（2 位），应根据资料所属的子分部工程，参照附录 A 规定的代号填写；

"C5"为资料类别编号（2 位），应根据资料所属类别，按附录 B 规定的类别编号填写；

"001"为顺序号（3 位），应根据相同的表格、相同检查项目，按时间自然形成的先后顺序号填写。

引导问题2：扫描右侧二维码（码11-2），阅读其中的内容后回答问题：工程概况表的填写主要包括哪些内容？

码11-2：
引导问题2

_____

_____

_____

【小提示】工程概况表是对工程基本情况的简要描述，填表之前，资料员应收集建设项目施工图纸、合同文件、工程规划许可证、施工许可证等相关备案文件，从中获取表格填写信息。做好相关工程资料的收集工作，工程资料填写事半功倍。

引导问题3：扫描右侧二维码（码11-3），阅读其中的内容后回答问题：项目大事记的填写包括哪些内容？对工程项目而言，哪些事件可作为项目大事记？

码11-3：
引导问题3

_____

_____

_____

引导问题4：扫描右侧二维码（码11-4），阅读其中的内容后回答问题：在工程质量事故的处理过程中，资料员需从哪几个方面做好工程质量事故的记录工作？

码11-4：
引导问题4

_____

_____

_____

【小提示】为保证建设项目顺利进行，施工单位应严格把控建设工程质量，建立健全并严格落实"施工现场质量管理制度"，制订"质量事故应急预案"。在工程建设过程中，受自然条件或人为因素影响，发生重大质量事故时，施工单位应在规定时限内向监理单位、建设单位及上级主管部门报告，填写《工程质量事故记录》。建设单位、监理单位应及时组织质量事故的调（勘）察，事故调查组应由三人以上组成，调查情况须进行笔录，并填写《工程质量事故调（勘）察记录》；施工单位应严肃对待发生的质量事故并及时进行处理，处理后填写《工程质量事故处理记录》，并呈报调查组核查。在事故处理过程中，资料员应积极配合项目部做好工程质量事故相关资料的收集和记录工作。

工作计划（方案）

步骤	工作内容	负责人
1		
2		
3		

步骤	工作内容	负责人
4		
5		
6		
7		

进行决策

(1)各小组派代表阐述工程管理资料主要表格及表格内容。

(2)各小组派代表阐述小组分工，总结工程管理资料填表方法。

(3)教师对各小组的完成情况进行点评，总结工程管理资料分类，表格填写原理及方法。

工作实施

码11-5：
工作实施

扫描右侧二维码(码11-5)，阅读其中的内容后，各小组参照《园林绿化工程资料管理规程》(DB11/T 712—2019)规定，准确填写工程管理资料编号；结合项目背景资料，完成表11-2～表11-6的填写。

表11-2　工程概况表

工程概况表 表C0-1		资料编号	
工程名称			
建设地点		工程造价	
开工日期		计划竣工日期	
建设单位		勘察单位	
设计单位		监理单位	
监督单位		监督编号	
施工单位	名　称		
	项目负责人	项目技术负责人	
工程内容			
备注			

表 11-3 项目大事记表

项目大事记 表 C0-2				资料编号	
工程名称					
施工单位					
序号	年	月	日	内容	
项目负责人				整理人	

表 11-4 工程质量事故记录表

工程质量事故记录 表 C0-3		资料编号	
工程名称		建设地点	
建设单位		设计单位	
监理单位		施工单位	
主要工程内容		事故发生时间	年 月 日 时
预计经济损失		报告时间	年 月 日 时
质量事故概况:			

质量事故原因初步分析：			
质量事故发生后拟采取的处理措施：			
项目负责人		记录人	

表 11-5 工程质量事故调(勘)查记录表

工程质量事故调(勘)查记录 表 C0-4			资料编号	
工程名称			日期	
调(勘)查时间	年　月　日　时　分至　年　月　日　时　分			
调(勘)查地点				
参加人员	单位名称	姓名(签字)	职务	电话
调(勘)查人员				
调(勘)查笔录				
现场证物照片	□有　□无　共　张　共　页			
事故证据资料	□有　□无　共　张　共　页			
调(勘)查负责人 (签字)		被调(勘)查单位负责人 (签字)		

表 11-6 工程质量事故处理记录表

工程质量事故处理记录 表 C0-5		资料编号	
工程名称			
施工单位			
事故处理编号		经济损失/万元	
事故 处理 情况			
事故 造成 永久 缺陷 情况			
事故 责任 分析			
对事故 责任者 的处理			
调查负责人		填表人	填表日期

评价反馈

学生自评表

任务	完成情况记录
是否按计划时间完成	
相关理论完成情况	
技能训练情况	
材料上交情况	
收获	

序号	评价内容	小组互评	教师评价	总评
1	任务是否按时完成			
2	材料完成上交情况			
3	作品质量			
4	语言表达能力			
5	成员间合作面貌			
6	创新点			

相关知识点

一、工程管理资料的分类

根据《园林绿化工程资料管理规程》(DB11/T 712—2019)中施工资料分类标准，C0工程管理与验收资料包括工程管理资料和工程验收资料两部分(图 11-1)。按照资料收集归档顺序，工程验收资料的填报在后续内容中介绍。本节重点讲解工程管理资料的填报方法。

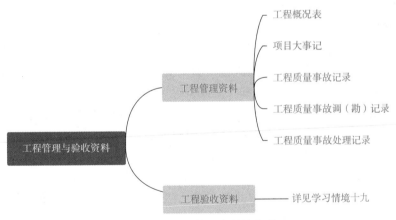

图 11-1　工程管理资料的分类

二、工程管理资料的编制

1. 工程概况表

施工前项目部根据施工设计图、施工合同和规范要求对工程情况进行归纳。工程概况表由施工单位填写，城建档案与施工单位各保存一份；工程概况表分为一般情况栏、工程内容栏、备注栏三部分内容。编制要求如下。

(1)一般情况栏包括工程名称、建设地点、工程造价、开工日期、计划竣工日期；

建设单位、监理单位、设计单位、勘察单位、施工单位的名称；施工单位项目负责人、施工单位项目技术负责人姓名；表中工程名称应填写全称，与工程规划许可证、施工许可证及施工图纸中的工程名称一致，正确填写资料编号。

（2）工程内容栏包括建设项目的基本情况、工程承包范围、工程施工内容、质量标准等内容。

（3）备注栏包括工程的独特特征，或采用的新技术、新产品、新工艺等。

2. 项目大事记

项目大事记常作为项目评优报审材料使用。项目大事记由施工单位填写并保存。编制内容如下。

（1）开、竣工日期；停、复工日期。

（2）中间验收及关键部位的验收日期。

（3）质量、安全事故；获得的荣誉。

（4）重要会议。

（5）分承包工程招投标、合同签署。

（6）上级及专业部门检查、指示等情况的简述。

3. 工程质量事故记录、工程质量事故处理记录

工程质量事故记录、工程质量事故处理记录由施工单位填写，建设单位、监理单位、施工单位各保存一份。凡工程发生重大质量事故，应按规定的要求进行记载。编制要求如下。

（1）准确填写表格中项目基础信息，如工程概况、建设地点、参建单位等；严格按照实际情况填写事故发生时间、报告时间。

（2）表中预计经济损失和经济损失是指因质量事故进行返工、加固等实际损失的金额，包括人工费、材料费、机械费和一定数额的管理费。

（3）事故情况，包括苗木大批量枯死情况、倒塌情况（整体倒塌或局部倒塌的部位）、损失情况（伤亡人数、损失程度、倒塌面积等）。

（4）事故原因包括设计原因（计算错误、构造不合理等）、施工原因（施工粗制滥造、材料、预制构配件或设备质量低劣等），以及不可抗力等。

（5）处理意见包括现场处理情况、设计和施工的技术措施、对主要责任人的处理结果。

4. 工程质量事故调（勘）查记录

工程发生质量事故后，调查人员对工程质量事故进行初步调查了解和现场勘察并形成工程质量事故调（勘）查记录。由调查单位填写，建设单位、监理单位、施工单位各保存一份。编制要求如下。

（1）填写时应注明工程名称、调查时间、地点、参加人员及所属单位、联系方式等。

（2）"调（勘）查笔录"栏应填写工程质量事故发生时间、具体部位、原因等，并初步估计造成的损失。

（3）应采用影像的形式真实记录现场情况，作为分析事故的依据。

（4）本表应本着实事求是的原则填写，严禁弄虚作假。

学习情境十二

施工管理资料的收集与编制

学习情境描述

(1)教学情境描述：在编制施工管理资料前，资料员应熟悉施工管理资料分类，施工管理资料表格样式、填写内容；熟悉项目施工图纸、施工合同、合同清单及相关备案文件；熟悉企业基本情况、组织架构、项目管理制度、施工进度，以及人工、材料、机械的使用情况，做好项目资料收集工作。在本学习情境中，各小组根据要求，完成《施工现场质量管理检查记录表》《施工日志》《分包单位资格报审表》的编制工作。

(2)关键知识点：施工管理资料的分类；施工管理资料的编制内容、要求；施工管理资料审批流程。

(3)关键技能点：施工现场质量管理检查记录表、施工日志、分包单位资格报审表的编制；工程进度控制报审资料、工程造价控制报审资料的收集。

学习目标

(1)掌握施工管理资料的分类、编制内容及要求。

(2)掌握施工管理资料审批流程。

(3)能依据项目实际情况正确填写施工管理资料表格。

任务书

完成《沈阳市×××公园改造工程》施工管理资料表格的填写。

任务分组

班级		组号		指导教师	
组长		学号			
组员	姓名			学号	

任务分工：

获取信息

引导问题 1：扫描右侧二维码（码 12-1），阅读其中的内容后，试编制本项目《施工现场质量管理检查记录表》《施工日志》《分包单位资格报审表》的资料编号。

码12-1：
引导问题1

_____

_____

_____

引导问题 2：扫描右侧二维码（码 12-2），阅读其中的内容后回答问题：《施工现场质量管理检查记录表》的填写包括哪些内容？施工现场质量管理检查项目包括哪几个方面？

码12-2：
引导问题2

_____

_____

_____

【小提示】园林绿化工程项目部负责人应建立质量责任制度及现场管理制度；健全质量管理体系；具备施工技术标准；审查资质证书、施工图、地质勘察资料和施工技术文件等。资料员在填写《施工现场质量管理检查记录》之前，应积极协调沟通，做好相关质量管理检查文件的收集归档工作，以备核查。

引导问题 3：扫描右侧二维码（码 12-3），阅读其中的内容后回答问题：施工日志的填写主要包括哪些内容？

码12-3：
引导问题3

_____

_____

_____

【小提示】施工日志是施工活动的原始记录，是在整个施工阶段关于施工组织管理、施工技术等有关施工活动和现场情况变化的真实记录，是编制施工文件、积累资料、总结施工经验的重要依据。

引导问题 4：扫描右侧二维码(码 12-4)，阅读其中的内容后回答问题：分包单位资格报审表包括哪些内容？

码12-4：
引导问题4

_____

_____

_____

【小提示】存在分包单位的工程项目，分包单位进场前还应提交分包单位的分包资格证明文件、分包单位的资质证书及相关专业人员的岗位证书、上岗人员的操作证书等。合法的分包需满足以下几个条件：①分包必须取得发包人的同意；②分包只能是一次分包；③必须分包给具备相应资质条件的单位；④总承包人可以将承包工程中的部分工程分包给具有相应资质条件的分包单位，但不得将主体工程分包出去。

引导问题 5：扫描右侧二维码(码 12-5)，阅读其中的内容后回答问题：工程进度控制的报审需编制哪些资料表格？在工程进度控制报审过程中，资料员需收集哪些文件？

码12-5：
引导问题5

_____

_____

_____

_____

引导问题 6：扫描右侧二维码(码 12-6)，阅读其中的内容后回答问题：工程造价控制的报审需编制哪些资料资料？在工程造价控制报审过程中，资料员需收集哪些文件？

码12-6：
引导问题6

_____

_____

_____

_____

工作计划(方案)

步骤	工作内容	负责人
1		
2		
3		
4		
5		
6		
7		

进行决策

(1)各小组派代表阐述施工管理资料主要表格及表格内容。

(2)各小组派代表阐述小组分工，总结施工管理资料填表方法。

(3)教师对各小组的完成情况进行点评，总结施工管理资料分类，表格填写原理及方法。

工作实施

码12-7：工作实施

扫描右侧二维码(码12-7)，阅读其中的内容后，各组参照《园林绿化工程资料管理规程》(DB11/T 712—2019)的规定，准确填写施工管理资料编号；结合项目背景资料，完成表12-1～表12-3的填写。

表12-1 施工现场质量管理检查记录表

施工现场质量管理检查记录表 表 C1-1		资料编号	
工程名称		开工日期	
建设单位		项目负责人	
设计单位		项目负责人	
监理单位		总监理工程师	
施工单位		项目负责人、技术负责人	
序号	项目	内容	
1	现场质量管理制度		
2	质量责任制		
3	主要专业工种操作上岗证书		
4	分包方资质与对分包单位的管理制度		
5	施工图审查情况		
6	岩土工程勘察资料		
7	施工组织设计、施工方案及审批		
8	施工技术标准		
9	工程质量检验制度		
10	搅拌计量设置		
11	现场材料、设备存放与管理		
12			
检查结论：			
总监理工程师： (建设单位项目负责人)		年 月 日	

表 12-2 施工日志

施工日志 表 C1-2		资料编号	
工程名称			
施工单位			
	天气状况	风力/级	最高温度/℃	最低温度/℃
白天				
夜间				

生产情况记录：

技术质量工作记录：

项目负责人		填写人		日期	

表 12-3　分包单位资格报审表

分包单位资格报审表 表 C1-4		资料编号	
工程名称			
地点		日期	

致：_____（监理单位）：

　　经考察，我方认为拟选择的_____（分包单位）具有承担下列工程的施工能力，可以保证本工程项目按合同的约定进行施工。分包后，我方仍然承担总施工单位的责任。请予以审查批准。

附：

1.□分包单位资质材料

2.□分包单位业绩材料

3.□中标通知书

分包工程名称（部位）	单位	工程数量	其他说明

承包单位名称：　　　　　　　　　　　　　　　　项目负责人（签字）：

监理工程师审查意见：

监理工程师（签字）：　　　　　　　　　　　　　　　　　　　日期：

总监理工程师审批意见：

监理单位名称：
总监理工程师（签字）：　　　　　　　　　　　　　　　　　日期：

评价反馈

学生自评表

任务	完成情况记录
是否按计划时间完成	
相关理论完成情况	
技能训练情况	
材料上交情况	
收获	

学生互评表

序号	评价内容	小组互评	教师评价	总评
1	任务是否按时完成			
2	材料完成上交情况			
3	作品质量			
4	语言表达能力			
5	成员间合作面貌			
6	创新点			

相关知识点

一、施工管理资料的分类

　　施工管理资料是在施工过程中形成的反映施工组织及监理审批等情况资料的统称。

　　根据《园林绿化工程资料管理规程》(DB11/T 712—2019)，C1 施工管理资料包括《施工现场质量管理检查记录表》《施工日志》《分包单位资格报审表》《工程进度报审资料》《工程造价控制报审资料》(图 12-1)。

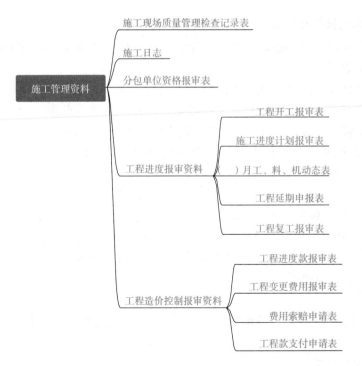

图 12-1　施工管理资料的分类

1. 施工现场质量管理检查记录表

施工现场质量管理检查记录表由施工单位填写，施工单位、监理单位各保存一份，编制要求如下。

(1)资料员在编制施工现场管理检查记录表之前，应按表格要求填写项目收集检查资料备查，按施工项目实际情况填写质量管理各检查项目内容。

(2)施工现场质量管理检查记录表编制完成后，报项目总监理工程师(或建设单位项目负责人)检查，并作出检查结论。

(3)当项目管理有重大变化调整时，应重新填写。

2. 施工日志

施工日志由施工单位填写并保存，由项目技术负责人具体负责，编制要求如下：

(1)施工日志应以单位工程为记载对象。从工程开工起至工程竣工止，按专业指定专人负责逐日记载，并保证内容真实、连续和完整。

(2)施工日志可以采用计算机录入、打印，也可以按规定样式手工填写，并装订成册，必须保证字迹清晰、内容齐全，由各专业负责人签字。

(3)施工日志填写内容应根据工程实际情况确定，一般应包含工程概况、当日生产情况、技术质量安全情况、施工中发生的问题及处理情况、各专业配合情况、安全生产情况等。

3. 分包单位资格报审表

分包单位资格报审表由施工单位编制，建设单位、监理单位、施工单位各保存一份，编制要求如下。

(1)分包单位的资格报审是总承包单位在分包工程开工前，对分包单位的资格报项目监理机构审查确认。未经总监理工程师确认，分包单位不得进行施工，总监理工程师对分包单位资格的确认不解除总承包单位应负的责任。

(2)施工合同中已明确或经过招标确认的分包单位(建设单位书面确认的分包单位)，承包单位可不再对分包单位资格进行报审。

(3)分包单位名称按所报分包单位《企业法人营业执照》全称填写。

(4)根据工程分包的具体情况，可在"附"栏中的"分包单位资质材料""分包单位业绩材料""中标通知书"相应的选择框处画"√"，并将所附资料随本表一同报验。

(5)在"分包工程名称(部位)"栏中填写分包单位所承担的工程名称(部位)及计量单位、工程数量、其他说明。

1. 工程开工报审表

施工单位根据现场实际情况达到开工条件时，应向项目监理部申报《工程开工报审表》，编制要求如下。

（1）本表由施工单位填写，由监理工程师审核，总监理工程师签署审批结论，并报建设单位。

（2）在"计划于＿＿＿年＿＿＿月＿＿＿日"栏中填写计划开工的具体时间。

（3）资料员在表格填写前收集好开工报审材料，在已完成报审条件的选择框处画"√"。

（4）审查意见：由监理工程师填写。审查承包单位报送的工程开工资料是否齐全、有效，是否具备开工条件。

（5）审批结论：由总监理工程师签署，在"同意"或"不同意"选择框处画"√"并签字。

2. 施工进度计划报审表

施工单位应根据建设工程施工合同的约定，按时编制施工总进度计划、季度进度计划、月进度计划，并按时填写《施工进度计划报审表》，报项目监理部总监理工程师审批。施工进度计划应满足施工合同工期的约定，在人员、材料、机械、资金等方面满足施工工期要求，编制要求如下。

（1）本表由承包单位填报，建设单位、监理单位、承包单位各保存一份。

（2）现报上＿＿＿年＿＿＿季＿＿＿月：填写拟报审进度计划的年、季、月时间。

（3）附件：填写所报资料的名称及份数。

（4）承包单位名称，填写施工单位的全称，不可简化。项目经理（签字），为施工单位工程项目负责人。

（5）审查意见：由监理工程师根据工程的条件（工程的规模、质量标准、复杂程度、施工的现场条件等）及施工队伍的条件，全面分析承包单位编制的施工进度计划的合理性、可行性，并签署意见。

3.（　）月工、料、机动态表

施工单位每月25日前或按合同约定时间报《（　）月工、料、机动态表》。主要施工设备进场并调试合格后应填写《（　）月工、料、机动态表》报项目监理部。编制要求如下。

（1）本表由施工单位于每阶段提前5日或按合同约定时间填报，监理单位、承包单位各保存一份。工、料、机情况应按不同施工阶段填报主要项目。

（2）人工：按施工现场实际工种情况填写并进行合计。

（3）主要材料：应填写工程使用主要材料，如水泥、钢筋、苗木等，并填写相应材料的上月库存量、本月进场量、本月消耗量，以得出本月最终库存量，绿化种植材料库存量是指苗木假植量。

（4）主要机械：按施工现场实际使用的主要机械填写，核准其生产厂家、规格型号、数量。

4. 工程延期申报表

工程延期事件终止后，施工单位在合同约定的期限内，向项目监理部提交《工程延期申报表》。编制要求如下。

（1）本表由施工单位填报，建设单位、监理单位、承包单位各保存一份。

（2）根据合同条款＿＿＿条的规定：填写施工合同有关工程延期的相关条款。

（3）由于＿＿＿的原因：填写工程延期的具体原因。

（4）工程延期的依据及工期计算：应详细说明工程延期的依据，并将工期延长的计算过程、结果列于表中。

（5）合同竣工日期：填写施工合同签订的工程竣工日期；申请延长竣工日期：填写由于相关原因施工单位申请延长的竣工日期。

（6）"附"栏中填写相关的证明材料。

四、工程造价控制报审资料的编制

1. 工程进度款报审表

施工单位根据当前完成的工程量，按施工合同的约定计算工程进度款，填写《（ ）月工程进度款报审表》报项目监理部。项目监理部签认的《工程进度款报审表》《工程变更费用报审表》和《费用索赔申请表》一并计算本期工程款。编制要求如下。

（1）施工单位应于每月 26 日前或合同约定时间，根据工程实际进度及监理工程师签认的分项工程，上报月完成工程量。计量原则是每月计量一次，如计量周期按上月 26 日至当月 25 日或合同约定时间区间。

（2）月完成工作量统计报表应作为附件与本报审表一并报送监理单位，工程量确认单应有相应专业监理工程师的签字认可，监理单位应留存备查。

（3）承包单位应按照时间在"兹申报＿＿＿年＿＿＿月份"栏内填写申报的具体年度、月份。

（4）由负责造价控制的监理工程师和专业监理工程师审核，填写具体审核内容并签字；总监理工程师审核并签字，明确总监理工程师应负的领导责任。

（5）本表由承包单位填报，由监理单位签认，建设单位、监理单位、承包单位各保存一份。

2. 工程变更费用报审表

实施工程变更发生增加或减少的费用，由施工单位填写《工程变更费用报审表》报项目监理部。项目监理部进行审核并与承包单位和建设单位协商后，由总监理工程师签认，建设单位批准。建设单位、监理单位、承包单位各保存一份。编制要求如下。

（1）施工单位在填写该表时，应明确《工程变更单》所列项目名称，变更前后的工程量、单价、合计的差别，以及工程款的增减额度。

（2）由负责造价控制的监理工程师对承包单位所报审的工程变更费用进行审核。审核内容为工程量是否符合所报工程实际；是否符合《工程变更单》所包括的工作内容；定额项目选用是否正确，单价、合价计算是否正确。

（3）在"监理工程师审核意见"栏，监理工程师签署具体意见并签字。监理工程师的审核意见不应签署"是否同意支付"，因为工程款的支付应在相应工程验收合格后，按合同约定的期限，签署《工程款支付证书》。

(4)分包工程的工程变更应通过承包单位办理。

3. 费用索赔申请表

索赔事件终止后，施工单位填写《费用索赔申请表》报项目监理部，由总监理工程师签发《费用索赔审批表》。建设单位、监理单位、承包单位各保存一份。编制要求如下。

(1)费用索赔申请是由承包单位向建设单位提出费用索赔，报项目监理机构审查、确认和批复。

(2)根据施工合同第条＿款的规定：填写提出费用索赔所依据的施工合同条目。

(3)由于＿＿＿的原因：填写导致费用索赔的事件。

(4)索赔的详细理由及经过：是指索赔事件造成承包单位直接经济损失，索赔事件是由于非承包单位的责任发生的情况的详细理由及事件经过。

(5)索赔金额的计算：是指索赔金额计算书，索赔的费用内容一般包括人工费、设备费、材料费、管理费等，索赔不计取利润、措施费等。索赔时应在索赔事件发生后28天内向监理部提出索赔意向书，否则视为放弃索赔权利。

(6)证明材料：是指上诉两项所需的各种证明材料，内容包括合同文件；监理工程师批准的施工进度计划；合同履行过程中的来往函件；施工现场记录；工地会议纪要；工程照片；监理工程师发布的各种书面指令；工程进度款支付凭证；检查和试验记录；汇率变化表；各类财务凭证；其他有关资料。

(7)索赔应一项一报，不得累计计算。

4. 工程款支付申请表

施工单位在工程预付款、工程进度款、工程结算款等支付申请时填写《工程款支付申请表》，报项目监理部，由负责造价控制的监理工程师审核，总监理工程师审查后根据合同的约定签署《工程款支付证书》。编制要求如下。

(1)承包单位根据施工合同中工程款支付约定，向项目监理机构开具工程款支付申请表。

(2)申请支付工程款金额包括合同内工程款、工程变更增减费用、批准的索赔费用、扣除应扣预付款、保留金及施工合同中约定的其他费用；工程变更费和索赔费应单独填写。

(3)我方已完成了＿＿＿工作：填写经专业监理工程师验收合格的工程；定期支付进度款的填写本支付期内经专业监理工程师验收合格工程的工程量。

(4)工程量清单：是指本次付款申请中的经专业监理工程师验收合格工程的工程量清单统计报表。

(5)计算方法：是指以专业监理工程师签认的工程量按施工合同约定采用的有关定额(或其他计价方法的单价)的工程价款计算。

(6)根据施工合同约定，需建设单位支付工程预付款的，也采用此表向监理机构申请支付。

(7)工程款支付申请中如有其他和付款有关的证明文件和资料时，应附有相关证明资料。

学习情境十三

施工技术文件的收集与编制

学习情境描述

(1)教学情境描述：在编制施工技术文件前，资料员应熟悉施工技术文件分类、内容及审批流程；熟悉项目施工图纸、施工合同、合同清单及相关备案文件，做好施工技术文件的收集工作。在本学习情境中，各小组根据要求，完成"图纸会审记录表""工程洽商记录表"的编制工作。

(2)关键知识点：施工技术文件的分类；施工技术文件的编制内容、要求；施工技术文件的审批流程。

(3)关键技能点：《图纸会审记录表》《工程洽商记录表》的编制；施工组织设计、施工方案、各类交底记录、设计变更通知单等施工技术文件的收集。

学习目标

(1)掌握施工技术文件的分类、编制内容及要求。

(2)掌握施工技术文件的审批流程。

(3)能依据项目实际情况正确填写施工技术文件表格。

任务书

完成《沈阳市×××公园改造工程》施工技术文件表格的填写。

任务分组

班级		组号		指导教师	
组长		学号			
	姓名			学号	
组员					
任务分工：					

引导问题 1：扫描右侧二维码（码 13-1），阅读其中的内容后，试编制本项目"图纸会审记录表""工程洽商记录表"的资料编号。

码13-1：
引导问题1

_____

_____

_____

引导问题 2：扫描右侧二维码（码 13-2），阅读其中的内容后回答问题：图纸会审记录表的编制主要包括哪些内容？

码13-2：
引导问题2

_____

_____

_____

【小提示】图纸会审是指工程各参建单位（建设单位、监理单位、施工单位等相关单位）在收到施工图审查机构审查合格的施工图设计文件后，在设计交底前进行全面细致的熟悉和审查施工图纸的活动。工程开工前，由建设单位组织有关单位对施工图设计文件进行会审并按单位工程填写施工图设计文件会审记录。

通过图纸会审可以使施工单位、建设单位有关施工人员进一步了解设计意图和设计要点；可以澄清疑点，消除设计缺陷，统一思想，使设计达到经济、合理的目的。

同时，图纸会审也是解决图纸设计问题的重要手段，对减少工程变更、降低工程造价、加快工程进度、提高工程质量都起着重要的作用。

引导问题 3：扫描右侧二维码（码 13-3），阅读其中的内容后回答问题：工程洽商记录表的编制主要包括哪些内容？

码13-3：
引导问题3

_____

_____

_____

【小提示】工程洽商主要是指施工企业就施工图纸、设计变更所确定的工程内容以外，施工图预算或预算定额取费中未包含的，而施工中又实际发生费用的施工内容所办理的书面说明。

园林工程建设周期长，涉及的经济关系和法律关系复杂，受自然条件和客观因素的影响大，导致项目的实际情况与项目招标投标时的情况相比会发生一些变化。工程变更包括工程量变更、工程项目变更（如发包人提出的增加或删减原项目内容）、进度计划的变更、施工条件的变更等，原则上有变更必须有洽商。

引导问题 4：扫描右侧二维码(码 13-4)，阅读其中的内容后回答问题：工程技术文件报审表的编制内容有哪些？施工组织设计审批表的编制内容有哪些？工程技术文件报审、施工组织设计审批过程中，资料员需要收集哪些文件？

码13-4：
引导问题4

_____

_____

_____

_____

【小提示】施工组织设计是统筹计划施工、科学组织管理、保证工程质量、安全文明生产、实现设计意图、环保节能降耗、指导施工生产的技术性文件。单位工程施工组织设计应在施工前编制，并应依据施工组织设计编制部位、阶段和专项施工方案。施工组织设计、施工方案的编制前述章节已有讲解，此处不再赘述。

施工组织设计、施工方案编写完成后，施工单位应进行内部审批并填写《施工组织设计审批表》；施工组织设计通过施工单位内部审核后填写《工程技术文件报审表》报项目监理部审核，《施工组织设计审批表》作为向监理单位报审的依据。

引导问题 5：扫描右侧二维码(码 13-5)，阅读其中的内容后回答问题：施工技术文件中，交底记录文件的种类有哪些？交底记录文件的主要编制内容有哪些？交底记录填报前应收集哪些资料？

码13-5：
引导问题5

_____

_____

_____

工作计划(方案)

步骤	工作内容	负责人
1		
2		
3		
4		
5		
6		
7		

进行决策

(1)各小组派代表阐述施工技术文件主要表格及表格内容。

(2)各小组派代表阐述小组分工，总结施工技术文件填表方法。

(3)教师对各小组的完成情况进行点评，总结施工技术文件分类、表格填写原理及方法。

工作实施

码13-6：
工作实施

　　扫描右侧二维码（码13-6），阅读其中的内容后，各小组参照《园林绿化工程资料管理规程》（DB11/T 712—2019）的规定，准确填写施工技术文件编号；结合项目背景资料，完成表13-1、表13-2的填写。

表 13-1　图纸会审记录表

图纸会审记录 表 C2-3			文件编号	
工程名称			日期	
地　点			专业名称	
序号	图号	图纸问题		图纸问题交底
建设单位	监理单位		设计单位	施工单位

表 13-2　工程洽商记录表

工程洽商记录 表 C2-7		文件编号	
工程名称			
施工单位		日期	
洽商内容：			
建设单位	监理单位	设计单位	施工单位

评价反馈

学生自评表

任务	完成情况记录
是否按计划时间完成	
相关理论完成情况	
技能训练情况	
材料上交情况	
收获	

学生互评表

序号	评价内容	小组互评	教师评价	总评
1	任务是否按时完成			
2	材料完成上交情况			
3	作品质量			
4	语言表达能力			
5	成员间合作面貌			
6	创新点			

相关知识点

一、施工技术文件的分类

根据《园林绿化工程资料管理规程》(DB11/T 712—2019)，C2 施工技术文件包括《工程技术文件报审表》《施工组织设计及其审批表》《图纸会审记录》、各类交底记录、《安全检查记录》《设计变更通知单》《工程洽商记录》(图 13-1)。

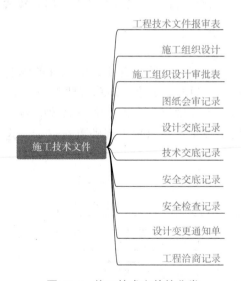

图 13-1　施工技术文件的分类

二、施工技术文件的编制

1. 施工组织设计审批表

施工组织设计、施工方案编写完成后，资料员应填写《施工组织设计审批表》，并经施工单位有关部门会签，主管部门归纳汇总后，提出审核意见，报审批人进行审批，施工单位盖章后方为有效。施工组织设计、施工方案编制与审批人见表 13-3。

表 13-3　施工组织设计审批表

项目	施工组织设计	施工方案		备注
		专项施工方案	需专家论证的施工方案	
编制	项目负责人主持编制	项目负责人主持编制		
审批	总承包单位技术负责人审批	项目技术负责人审批	施工单位技术负责人或技术负责人授权的技术人员审批	
		重点、难点分部分项工程和专项施工方案由施工党委技术部分组织相关专家评审，施工单位技术负责人审批		

施工组织设计审批表为施工单位内部审批使用，并作为向监理单位报审的依据，由施工单位保存。编制要求如下。

(1)编制单位名称是指直接负责该项工程实施的单位，如为分包单位，应先由该分包单位填写此栏，经承包单位审核无误后报项目监理部。如该项工程实施单位就是承包单位，则承包单位即"编制单位"，由承包单位直接填写此栏。

(2)审批内容一般应包括内容完整性、施工指导性、技术先进性、经济合理性、实施可行性等方面，各相关部门根据职责把关。

(3)审批人应签署审查结论、盖章。在施工过程中如有较大的施工措施或方案变动时，还应有变动审批手续。

2. 工程技术文件报审表

在工程项目开工前，承包单位应完成施工组织设计的编制及自审工作，并应填写《工程技术文件报审表》报送项目监理部审核。总监理工程师组织专业监理工程师审查，提出审查意见后，由总监理工程师审定批准；需要修改时由总监理工程师签发书面意见，退回承包单位修改后再报审，总监理工程师重新审定。施工技术文件的审批流程图如图 13-2 所示。

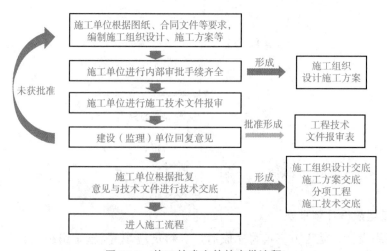

图 13-2　施工技术文件的审批流程

《工程技术文件报审表》由承包单位填报，建设单位、监理单位、承包单位各保存一份。编制要求如下。

(1)现报上关于_____工程技术文件：应填入编写的工程技术文件名称，其中"类别、编制人、册数、页数"按编制的工程技术文件的实际情况如实填写。

(2)承包单位审核意见：必须填写具体的审核内容。

(3)本表先经专业监理工程师审阅，并将审核意见书面提交给项目总监理工程师。由总监理工程师签署"审定结论"并在相应选择框处划"√"。若本栏书写不下，可另附页。

(4)对规模大、工艺复杂及工艺要求高的园林绿化工程，项目监理部应将施工组织设计报送监理单位技术负责人审查，其审查意见由总监理工程师签发。

(5)已审定的施工组织设计由项目监理部报送建设单位。

(6)承包单位应按审定的施工组织设计方案组织施工。在实施中如需变动，仍应经总监理工程师审核同意。

(7)专项施工方案由施工单位项目部编制，并填写《工程技术文件报审表》报监理部，由总监理工程师签署。

3. 图纸会审记录

图纸会审会议前，监理单位、施工单位应将各自提出的图纸问题及意见，按专业整理、汇总后报建设单位，由建设单位提交设计单位做交底准备。

图纸会审会议应由建设单位组织设计、监理单位和施工单位技术负责人及有关人员参加。设计单位对各专业问题进行交底，施工单位负责将设计交底内容按专业汇总、整理，形成图纸会审记录。

图纸会审记录应由建设单位、设计单位、监理单位和施工单位的项目相关负责人签认，形成正式图纸会审记录，不得擅自在会审记录上涂改或变更其内容。图纸会审记录一经各方签字确认后即成为设计文件的一部分，与设计文件具有同等效力，是现场施工的依据。图纸会审记录编制要求如下。

(1)图纸会审记录内容应包括工程名称；工期；会审的地点；参加会议的单位名称、人员姓名和职务等；问题或意见所属专业名称、图号等；是否采纳意见或解决问题的办法等。

(2)专业名称按标准填写，如绿化种植、园林景观构筑物及其他造景、园林铺地、园林用电、园林给水排水等。

(3)图号：根据设计图纸编号进行填写。

(4)图纸问题：施工单位、监理单位针对设计图纸不明之处或存在疑问的地方提出的问题。

(5)图纸问题交底：设计院根据施工单位、监理单位提的问题核查过设计图和规范后进行答复。

(6)图纸会审记录应根据专业(绿化种植、园林景观构筑物及其他造景、园林铺地、园林用电、园林给水排水等)汇总、整理。

4. 技术交底记录

技术交底是施工企业管理的一项重要环节和制度，是把设计要求、施工措施、安全技术措施贯彻到基层实际操作人员的一项技术管理方法。

技术交底记录是继施工组织设计、施工方案后的第三层次的技术文件。其目的是使现场施工人员对工程特点、技术质量要求、施工方法与措施等方面有一个较详细的了解，以便于科学地组织施工，避免技术质量等事故的发生。

技术交底按交底内容的不同，分为施工组织设计交底、专项施工方案技术交底、分项工程施工技术交底、季节施工方案的技术交底、"四新"技术交底，详见表13-4。

表13-4 技术交底类型

序号	交底类型	交底内容	交底人	被交底人	应注意事项
1	施工组织设计交底	施工设计交底应包括主要设计要求、施工措施及重要事项等	项目技术负责人	专业技术人员生产经理质检人员安全员分包方有关人员	重点大型工程施工设计交底应由企业的技术负责人进行交底
2	专项施工方案技术交底	1. 结合工程的特点和实际情况，对设计要求、施工措施及重要事项进行交底；2. 对施工方案的技术特点、难点、应重点控制的工序、部位进行交底	专业技术负责人	专业工长	
3	分项工程施工技术交底	按各分项工程的顺序、进度独立编写，并应根据工程特点明确作业条件、施工工艺及施工操作特点、质量要求及注意事项等内容	专业工长	专业施工班组（或专业分包）	应详细接受分项工程关键、重点、难点工序的主要施工要求和方法。对关键部位、重点部位的施工方法应由详图进行说明
4	季节施工方案的技术交底	明确季节性施工特殊用工的组织与管理、设备及料具准备计划、分项工程施工方法及技术、消防安全措施等项目内容	技术负责人	专业工长、技术员	
5	"四新"技术交底	针对工程中难度较大的"四新"	项目技术负责人	专业工长、技术员	

各项技术交底记录是工程技术档案资料中不可缺少的部分。资料员要及时做好技术交底资料的收集及技术交底记录编制归档工作。技术交底记录由施工单位填写，交底单位与接受交底单位各保存一份，也应报送监理(建设)单位。编制要求如下。

(1)当作分项工程施工技术交底时，应填写"分项工程名称"栏，其他技术交底可不填写。

(2)交底内容应有可操作性和针对性，能够切实地指导施工，不允许出现"详见××规程"之类的语言。

(3)技术交底应以书面形式进行，并辅以口头讲解。交底人和被交底人应履行交接签字手续，技术交底应及时归档。

（4）技术交底应根据施工过程的变化，及时补充新内容。施工方案、方法改变时也要及时进行重新交底。

5. 设计交底记录

设计交底由建设单位组织并整理、汇总设计交底要点及研讨问题的纪要，填写《设计交底记录》，各单位主管负责人会签，并由建设单位盖章，形成正式设计文件。

资料员应认真核对设计交底记录建设单位、设计单位、监理单位、施工单位签名及建设单位公章。设计交底完成后，交底内容即作为设计文件的一部分指导现场施工。设计交底记录应收集、存档。

6. 安全交底记录、安全检查记录

安全交底记录由交底单位填写，交底单位与接受交底单位各保存一份，报建设单位备查。交底记录应有针对性和可操作性，能够切实指导安全施工。

安全交底记录应包括工程概况及施工部位；工程特点及安全点的设置；安全注意事项，应列出本分项工程安全施工的重点、施工注意事项等；安全用品的使用。

安全检查记录由检查单位填写并保存。监理单位可以单独或和施工单位联合检查。

资料员应认真核对安全交底记录、安全检查记录内容及签字，并做好资料收集、存档工作。

7. 设计变更通知单

设计变更是由设计方提出的，对原设计图纸的某个部位局部修改或全部修改的一种记录。设计变更通知单经建设单位、监理单位总监审核批准后交到施工单位。施工单位根据设计变更通知单要求对施工图相应的部位进行修改，并进行施工。

设计变更通知单是重要的施工技术资料，其格式以设计单位下发的格式为准；设计变更涉及图纸修改的，必须注明应修改图纸的图号；不可将不同专业的设计变更办理在同一份变更上。

设计变更通知单由建设单位、监理单位、施工单位、城建档案馆各保存一份。资料员应认真核对设计变更通知单是否有设计人员、审核人员签名及设计单位盖章，经监理、建设单位确认的设计变更通知单方可实施，设计变更通知单应收集、存档。

8. 工程洽商记录

工程洽商可由施工单位、建设单位或监理单位其中一方发出，工程洽商记录由洽商提出方填写，由设计专业负责人，以及建设、监理和施工单位的相关负责人签认后存档。设计单位如委托建设（监理）单位办理签认，应办理委托手续。编制要求如下。

（1）工程洽商记录应分专业办理，内容详细，必要时应附图，并逐条注明应修改图纸的图号。洽商内容应包括：使用的材料规格、型号要写清楚，不得笼统地写钢筋、混凝土、银杏、花岗岩等；工程洽商记录办理原因要写清楚；工程洽商记录后附工程量要求准确全面；工程洽商记录办理时必须把相关技术要求、施工做法描述清楚，不得见图集号等写法。

（2）工程洽商记录应根据专业（绿化种植、园林景观构筑物及其他造景、园林铺地、园林用电、园林给排水等）编制，不可将不同专业的工程洽商填写在同一份洽商表上。

施工物资资料的收集与编制

学习情境描述

（1）教学情境描述：在编制施工物资资料前，资料员应熟悉施工物资资料分类、内容及审批流程；熟悉项目施工图纸、施工合同、合同清单及相关备案文件；熟悉供应商基本情况、供货合同及清单，做好施工物资资料的收集工作。在本学习情境中，各小组根据要求，完成《工程物资进场报验表》《材料、构配件进场检验记录》《苗木、种子进场报验表》《苗木进场检验记录》《种子进场检验记录》的编制工作。

（2）关键知识点：施工物资资料的分类；施工物资资料的编制内容、要求；施工物资资料的审批流程。

（3）关键技能点：《工程物资进场报验表》《材料、构配件进场检验记录》《苗木、种子进场报验表》《苗木进场检验记录》《种子进场检验记录》的编制；进场材料出厂合格证、生产许可证、检测报告等质量证明文件的收集，需进行复试检测的进场材料复试报告等资料的收集。

学习目标

（1）掌握施工物资资料的分类、编制内容及要求。
（2）掌握施工物资资料审批流程。
（3）能依据项目实际情况正确填写施工物资资料表格。

任务书

完成《沈阳市×××公园改造工程》施工物资资料表格的填写。

任务分组

班级		组号		指导教师	
组长		学号			
组员	姓名			学号	

任务分工：

获取信息

引导问题 1：扫描右侧二维码（码 14-1），阅读其中的内容后，试编制本项目《工程物资进场报验表》《材料、构配件进场检验记录》《苗木、种子进场报验表》《苗木进场检验记录》的资料编号。

码14-1：
引导问题1

_____

_____

引导问题 2：扫描右侧二维码（码 14-2），阅读其中的内容后回答问题：《工程物资进场报验表》的编制主要包括哪些内容？对于进场的一般物资，填写报验表前需收集哪些附件文件？

码14-2：
引导问题2

_____

_____

【小提示】《工程物资进场报验表》多应用于园林铺地、园林景观构筑物及其他造景工程、园林用电工程、园林给水排水工程进场物资材料的填报工作中，《工程物资进场报验表》中应准确填写进场物资的名称、规格、数量及使用部位，并做好"附件"文件的收集工作。如建设单位对进场物资有选样送审要求，在物资进场前，施工单位需严格按照选样送审规定完成拟进场物资选样送审工作，并填写《工程物资选样送审表》报建设单位审定，进场物资选样送审编号需要体现在工程物资进场报验表中。

引导问题 3：扫描右侧二维码（码 14-3），阅读其中的内容后回答问题：材料、构配件进场检验记录的编制主要包括哪些内容？

码14-3：
引导问题3

_____

_____

【小提示】施工单位应组织对拟进场物资（原材料、构配件）进行自检，检验项目包括外观、规格、型号等，按规定应进场复试的工程物资，应在进场检查验收合格后取样复试，确认合格后填写工程物资进场报验表，连同出厂合格证、质量保证书、检验报告、复试报告等一并报专业监理工程师进行质量认可。

引导问题4：扫描右侧二维码（码14-4），阅读其中的内容后回答问题：《苗木、种子进场报验表》的编制主要包括哪些内容？对于进场的一般苗木、种子，填写报验表前需要收集哪些附件文件？

码14-4：
引导问题4

_____

_____

_____

【小提示】《苗木、种子进场报验表》多应用于绿化种植工程进场物资材料的填报工作中，苗木、种子进场报验表中应准确填写进场苗木/种子的名称、来源、进场数量、检验日期，并做好附件文件的收集工作。

引导问题5：扫描右侧二维码（码14-5），阅读其中的内容后回答问题：《苗木进场检验记录》《种子进场检验记录》《种植土进场检验记录》的编制主要包括哪些内容？

码14-5：
引导问题5

_____

_____

_____

【小提示】施工单位应组织对拟进场物资（苗木、种子、种植土）进行自检，检查内容依据进场物资种类不同各有侧重，按规定应进场复试的工程物资，应在进场检查验收合格后取样复试，确认合格后填写苗木、种子进场报验表，连植物检疫证明文件、复试报告等一并报专业监理工程师进行质量认可。

工作计划（方案）

步骤	工作内容	负责人
1		
2		
3		
4		
5		
6		
7		

进行决策

（1）各小组派代表阐述施工物资资料主要表格及表格内容。

（2）各小组派代表阐述小组分工，总结施工物资资料编制方法。

（3）教师对各小组的完成情况进行点评，总结施工物资资料分类，表格填写原理及方法。

扫描右侧二维码(码14-6),阅读其中的内容后,各小组参照《园林绿化工程资料管理规程》(DB11/T 712—2019)的规定,准确填写施工物资资料编号;结合项目背景资料,完成表14-1~表14-5的填写。

表 14-1　工程物资进场报验表

工程物资进场报验表 表 C3-1				资料编号	
工程名称					
地　点			日　期		

致＿＿＿＿＿＿＿＿＿＿＿＿＿＿＿＿＿(监理/建设单位):

　　现报上关于＿＿＿＿＿＿＿＿＿＿＿＿工程的物资进场检验记录,该批物资经我方检验符合设计、规范及合同要求,请予以批准使用。

物资名称	主要规格	单位	数量	选样报审表编号	使用部位

附件:　　　　　　名称　　　　　　　　　页数　　　　　　　编号

　　1 □ 出厂合格证　　　　　　　＿＿＿＿＿页

　　2 □ 厂家质量检验报告　　　　＿＿＿＿＿页

　　3 □ 厂家质量保证书　　　　　＿＿＿＿＿页

　　4 □ 商检证　　　　　　　　　＿＿＿＿＿页

　　5 □ 进场检查记录　　　　　　＿＿＿＿＿页

　　6 □ 进场复试报告　　　　　　＿＿＿＿＿页

　　7 □ 备案情况　　　　　　　　＿＿＿＿＿页

　　8 □

申报单位名称:　　　　　　　申报人(签字):

施工单位检验意见:

□有/□无 附页

施工单位名称:　　　　　　技术负责人(签字):　　　　审核日期:

验收意见:

审定结论:□同意　□补报资料　□重新检验　□退场

监理单位名称:　　　　　　监理工程师(签字):　　　　验收日期:

表 14-2　工程物资选样送审表

工程物资选样送审表 表 C3-2		资料编号	
工程名称			
施工单位			

致 _____（监理/建设单位）：

现报上本工程下列物资选样文件，为满足工程进度要求，请在 _____ 年 _____ 月 _____ 日之前予以审批。

物资名称	规格型号	生产厂家	拟使用部位

附件：

☐生产厂家资质文件　　　_____页　　　☐报价单_____页

☐产品性能说明书　　　_____页　　　☐合格证_____页

☐质量检验报告　　　_____页　　　☐_____页

☐质量保证书　　　_____页　　　☐_____页

技术负责人：　　　　申报人：　　　　　　　申报日期：　　年　月　日

施工单位审核意见：

☐有/☐无附页

审核人：　　　　　　　　　　　　　　审核日期：　　年　　月　　日

监理单位审核人意见：	设计单位审核人意见：
监理工程师：　　　年　月　日	设计负责人：　　　年　月　日

建设单位审定意见：

☐同意使用　☐规格修改后再报　☐重新选样

技术负责人：　　　　　　　　　　　　　　　年　　月　　日

表 14-3　材料、构配件进场检验记录

材料、构配件进场检验记录 表 C3-3					资料编号			
工程名称					检验日期			
序号	名称	规格 型号	进场 数量	生产厂家 合格证号	检验项目	检验结果	备注
检验结论：							
监理(建设)单位		施工单位					
		技术负责人			质量员		

表14-4 苗木、种子进场报验表

苗木、种子进场报验表 表 C3-8		资料编号	
工程名称			

现报上关于＿＿＿＿＿＿＿＿＿＿工程的苗木/种子进场检验记录,该批物资经我方检验符合设计、规范及合同要求,请予以批准使用。

序号	苗木/种子名称	来源(本地/外地)	单位	进场数量	检验日期

附件: 　　　　名称　　　　　　　　　页数　　　　　　　编号

1 □ 苗木、种子进场检验记录　　　　　　＿＿＿＿＿页

2 □ 种子发芽率试验报告　　　　　　　　＿＿＿＿＿页

3 □ 植物检疫证书(外埠苗木)　　　　　　＿＿＿＿＿页

4 □ 产地检疫合格证(本地苗木)　　　　　＿＿＿＿＿页

5 □ 林木种子生产经营许可证　　　　　　＿＿＿＿＿页

6 □ 其他附属文件　　　　　　　　　　　＿＿＿＿＿页

施工单位名称:　　　　　　　　　　　　　　　　　　　技术负责人:

验收意见:

审定结论:□同意　□补报资料 □重新检验　□退场

监理单位名称:　　　　　　监理工程师(签字):　　　　　　　验收日期:

表 14-5　苗木进场检验记录表

苗木进场检验记录 表 C3-9										资料编号							
工程名称																	
施工单位																	
供应单位										起苗日期							
										进场日期							
标准要求																	
品种	检查内容																
	高度 (≥m)	胸径 (≥cm)	土球 (≥cm)	苗龄 (≥a)	冠径 (≥m)	分枝点 (≥m)	主枝数 (≥个)	主枝长 (≥m)	根系	竹鞭长 (≥m)	幼芽	携土厚 (cm)	病虫	损伤度	纯净度	蓬径 (≥cm)
检查数量							检查方法										
检查结论： □合格 □不合格																	
监理(建设)单位					施工单位												
					技术负责人						质量员						

评价反馈

学生自评表

任务	完成情况记录
是否按计划时间完成	
相关理论完成情况	
技能训练情况	
材料上交情况	
收获	

序号	评价内容	小组互评	教师评价	总评
1	任务是否按时完成			
2	材料完成上交情况			
3	作品质量			
4	语言表达能力			
5	成员间合作面貌			
6	创新点			

相关知识点

一、施工物资资料的分类

根据《园林绿化工程资料管理规程》(DB11/T 712—2019)，C3 施工物资资料中主要包括通用表格，绿化种植工程，园林铺地、园林景观构筑物及其他造景工程，园林用电工程，园林给水排水工程(图 14-1)。

进场材料的种类、特征不同，需用的表格制式也不同，资料员在进行施工物资资料填报工作时，应根据进场材料专业属性不同，选用合适的表格样式编写。

二、物资资料管理规定

工程施工物资资料是反映施工所用的物资质量是否满足设计和规范要求的各种质量证明文件与相关配套文件(如使用说明书等)的统称。物资资料应能证实物资、材料的合格性、证实满足规范使用要求的特性。施工物资主要包括原材料、成品与半成品、构配件、设备等。

《中华人民共和国建筑法》规定，建筑施工企业必须按照设计要求、施工规范规定、施工技术标准和合同的约定，对建筑材料、建筑构配件和设备进行检验，不合格的不得使用。工程物资资料管理至关重要，进场物资质量的好坏对工程质量起决定性作用，物资资料管理规定具体如下。

(1)工程物资(包括主要原材料、成品、半成品、构配件、设备等)质量必须合格，并有出厂质量证明文件(包括质量合格证明文件或检验/试验报告、产品生产许可证、产品合格证、产品监督检验报告等)，进口物资还应有进口商检证明文件。

其中，出厂质量证明文件由供货单位提供，证明其提供的物资、材料达到国家规定的质量标准，达到合格的证明文件；检测/试验报告则是生产厂家在产品制作完成出厂前，对其生产的产品必须按规定进行检验试验，相关检验指标均必须符合现行国家规范规定的资料证明文件。

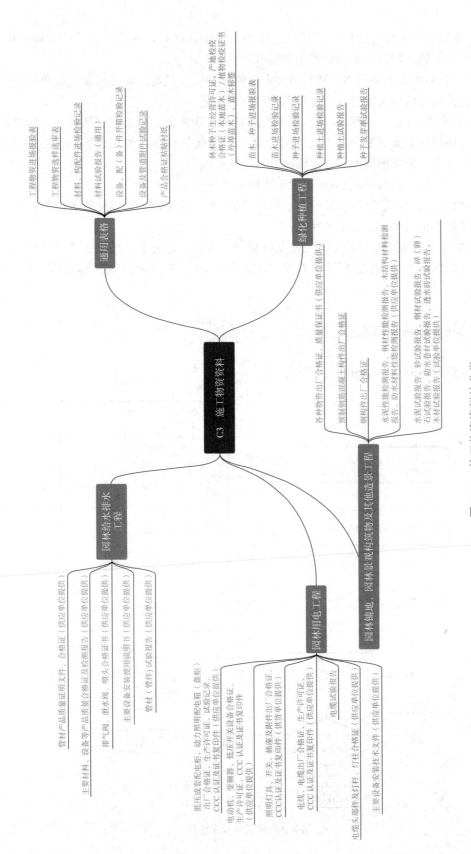

图14-1 施工物资资料的分类

（2）质量证明文件的抄件（复印件）应保留原件所有内容，并应注明原件存放单位，应有抄件人、抄件（复印）单位的签字和盖章。

（3）不合格物资不准使用。涉及结构安全的材料需代换时，应征得原设计单位的书面同意，并应符合有关规定，经监理批准后方可使用。

（4）凡使用无国家、行业、地方标准的新材料、新产品、新工艺、新技术，应由具有鉴定资格单位工具的鉴定证书，同时应有其产品质量标准、使用说明、施工技术要求和工艺要求，使用前应按其质量标准进行检验和试验。

（5）有见证取样检验要求的应按规定送检，做好见证记录。

（6）对国家和各地所规定的特种设备和材料应附有关文件与法定检测单位的检测证明，如锅炉、压力容器、消防产品等。

（7）施工单位应按有关规定对主要原材料进行复试，并将复试结果及备案资料、出厂质量证明等作为《工程物资进场报验表》《苗木、种子进场报验表》的附件报项目监理部。

三、物资资料管理流程

物资资料管理流程如图 14-2 所示。

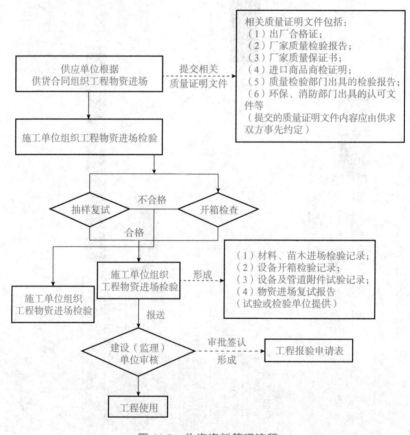

图 14-2　物资资料管理流程

(一)通用表格

1. 工程物资进场报验表

工程物资进场后,施工单位应进行检查(外观、规格、型号及质量证明文件等),自检合格后填写《工程物资进场报验表》,报请监理单位验收,监理工程师签署审查结论。编制要求如下。

(1)物资进场报验须附相关质量证明资料,应根据具体情况(合同、规范、施工方案等要求)由施工单位提供,并应附出厂合格证、商检证(进口商品)、进场复试报告等有关资料。

(2)关于_____工程:应填写专业工程名称,表中"物资名称、主要规格、单位、数量、选样报审表编号、使用部位"应按实际发生材料、设备项目填写,要明确、清楚,与附件中质量证明文件及进场检验和复试资料相一致。

(3)附件:应在相应选择框处画"√"并写明页数、编号。

(4)申报单位名称:应为施工单位名称,并由申报人签字(申报人一般为质检员)。

(5)施工单位检验意见:应由项目技术负责人填写具体的检验内容和检验结果,并签字确认。

(6)验收意见:由监理工程师填写并签字,验收意见应明确。如验收合格,可填写:质量控制资料齐全、有效;材料试验合格。并在"审定结论"栏下相应选择框处画"√"。

2. 工程物资选样送审表

如合同或其他文件约定,在工程物资订货或进场之前应履行工程物资选样审批手续时,施工单位应填写《工程物资选样送审表》,经建设单位审定后,由建设单位、监理单位、施工单位保存。编制要求如下。

(1)表中"物资名称、规格型号、生产厂家、拟使用部位"应按实际发生材料、设备项目填写,要明确、清楚,与附件中生产厂家资质文件、质量证明文件、报价单等资料相一致。

(2)附件:应在相应选择框处画"√"并写明页数、编号。

3. 材料、构配件进场检验记录

本表由直接使用所检查材料的施工单位填写,随相应的《工程物资进场报验表》进入资料报验流程。工程材料进场后,施工单位应及时组织相关人员检查外观、规格、型号及供货单位提供的质量证明文件等,合格后填写本表。本表由施工单位填写,施工单位、监理单位、建设单位各保存一份。编制要求如下。

(1)附件收集:材料、构配件进场报验须附资料应根据具体情况(合同、规范、施工方案等要求)由监理单位、施工单位和材料供应单位预先协商确定;由施工单位负责收集附件(包括产品出厂合格证、性能检测报告、出厂试验报告、进场复试报告、材料构配件进场检验记录、产品备案文件、进口产品的中文说明和商检证等)。

（2）工程名称填写应准确、统一，日期应准确；材料名称、规格型号、数量、检验项目和结果等填写应规范、准确。

（3）检验结论及相关人员签字应清晰可辨认，严禁其他人代签。

（4）按规定应进场复试的工程物资，必须在进场检查验收合格后取样复试。

4. 材料试验报告（通用）

材料试验报告由具备相应资质等级的检测单位出具，作为各种相关材料的附件进入资料流程。编制要求如下。

（1）对于不需要进场复试的物资，由供货单位直接提供。

（2）对于需要进场复试的物资，应在进场检查验收合格后取样复试，由施工单位及时取样后送至规定的检测单位，检测单位根据相关标准进行试验后填写材料试验报告并返还施工单位。返还的试验报告应重点保存。主要物资的取样和试验项目参见表14-6。

表14-6　主要物资物理、化学性能试验项目与取样规定参考表

序号	物资名称	验收批划分及取样方法和数量	必试项目	参照值
1	种植土	同一区域内，面积＜10 000 m²，随机取一组试样：10 000 m²≤面积＜50 000 m²；随机取三组试样：50 000 m²≤面积＜100 000 m²；随机取五组试样：面积≥100 000 m²；每15 000 m²随机取一组试样	pH值；全盐量；相对密度；通气孔隙度；有机质含量；水解性氮；有效磷；速效钾	pH值为6.5～8.5；全盐量≤0.12%；相对密度≤1.35；通气孔隙度为5%～8%；有机质含量≥10 g/kg；水解性氮≥60 mg/kg；有效磷≥10 mg/kg；速效钾≥100 mg/kg
2	种子	每100 kg为一检验批，每袋等量取样，共取50 g组成一组试样	发芽率、纯净度	发芽率≥85%；纯净度≥95%
3	钢筋	按照《混凝土结构工程施工质量验收规范》(GB 50204—2015)执行	按照《混凝土结构工程施工质量验收规范》(GB 50204—2015)执行	按照《混凝土结构工程施工质量验收规范》(GB 50204—2015)执行
4	砂	按照《普通混凝土用砂、石质量及检验方法标准（附条文说明）》(JGJ 52—2006)执行	按照《普通混凝土用砂、石质量及检验方法标准（附条文说明）》(JGJ 52—2006)执行	按照《普通混凝土用砂、石质量及检验方法标准（附条文说明）》(JGJ 52—2006)执行
5	木材	锯材50 m³、原木100 m³为一验收批。每批随机抽取3根，每根取5个试样	含水率	≤15%
6	透水砖	按照《透水砖路面施工与验收规范》(DB11/T 686—2023)执行	按照《透水砖路面施工与验收规范》(DB11/T 686—2023)执行	按照《透水砖路面施工与验收规范》(DB11/T 686—2023)执行
7	电缆	按照《建筑节能工程质量验收标准》(GB 50411—2019)执行	按照《建筑节能工程质量验收标准》(GB 50411—2019)执行	按照《建筑节能工程质量验收标准》(GB 50411—2019)执行
8	防水材料	按照《地下防水工程质量验收规范》(GB 50208—2011)执行	按照《地下防水工程质量验收规范》(GB 50208—2011)执行	按照《地下防水工程质量验收规范》(GB 50208—2011)执行

（3）工程名称、材料名称应准确，并应符合规范要求（对应检测单位告之的准确内容）。

（4）凡按规范要求须做进场复试的物资，应按其相应的专用复试表格填写，未规定专用复试表格的，应按《材料试验报告（通用）》填写。

5. 设备、配（备）件开箱检验记录

设备进场后，由建设（监理）单位、施工单位、供货单位共同开箱检验并做好记录，填写《设备、配（备）件开箱检验记录》，本表由施工单位填写，施工单位、监理单位、建设单位保存。编制要求如下。

（1）设备必须具有中文质量合格证明文件，规格、型号及性能检测报告应符合国家技术标准或设计要求，进场时应做检查验收。

（2）主要器具和设备必须有完整的安装使用说明书。

（3）对于检验结果出现的缺损附件、备件要列出明细，待供应单位更换后重新验收。

（4）测试情况的填写应依据专项施工及验收规范相关条目。

6. 设备及管道附件试验记录

设备、阀门、密封水箱（罐），成组散热器及其他散热设备于安装前均应按规定进行强度试验并做记录，填写《设备与管道附件试验记录》。

设备、密封水箱（罐）的试验应符合设计、施工质量验收规范或产品说明书的规定。

7. 产品合格证粘贴衬纸

施工单位在整理产品质量证明文件时，应将非 A4 幅面大小的产品质量证明文件粘贴在《产品合格证粘贴衬纸》。同产品、同规格、同型号、同厂家、同出厂批次的可以使用一个合格证，合格证应正反两面粘贴，并应注明所代表的数量。

（二）绿化种植工程

1. 林木种子生产经营许可证、产地检疫合格证（本地苗木）/植物检疫证书（外埠苗木）、苗木标签

绿化种植工程用苗木需经过规范、完整的树木检疫流程，苗木进场时，由施工单位收集林木种子生产经营许可证、产地检疫合格证（本地苗木）/植物检疫证书（外埠苗木）、苗木标签等。检疫证明文件同时作为"苗木、种子进场报验表"附件进入资料流程。

2. 苗木、种子进场报验表

苗木、种子进场后，施工单位应进行检查（植物种类、规格及质量证明文件等），自检合格后填写《苗木、种子进场报验表》，报请监理单位验收，监理工程师签署审查结论。本表由施工单位填写，建设单位、监理单位、承包单位各保存一份。编制要求如下。

（1）苗木、种子进场报验须附资料，应附种子发芽试验报告、外埠苗木的检疫证明文件、本地苗木检疫合格证、苗木标签等有关资料。

（2）对未经监理人员验收或验收不合格的苗木、种子，监理人员应拒绝签认，并应签发《监理通知》，书面通知承包单位限期将不合格的苗木、种子撤出现场。

（3）关于_____工程：应填写专业工程名称，表中"苗木/种子名称、来源（本地/外地）、单位、进场数量、检验日期"应按实际发生苗木/种子填写，要明确、清楚，与附件中质量证明文件及进场检验资料相一致。

（4）附件：应在相应选择框处划"√"并写明页数、编号。

（5）施工单位名称：应为施工单位全称，不得简写，并由项目技术负责人签字。

（6）验收意见：由监理工程师填写并签字，验收意见应明确。如验收合格，可填写"质量控制资料齐全、有效"，并在"审定结论"栏下相应选择框处画"√"。

3. 苗木进场检验记录、种子进场检验记录、种植土进场检验记录

施工单位应根据规定对进场的苗木、种子、种植土等进行检验，并填写《苗木进场检验记录》《种子进场检验记录》和《种植土进场检验记录》。随《苗木、种子进场报验表》进入资料流程，报请监理单位验收，由监理工程师签署审查结论。编制要求如下。

（1）附件收集：苗木、种子、种植土进场报验须附资料应根据具体情况（合同、规范、施工方案等要求）由监理、施工单位和材料供应单位预先协商确定；由施工单位负责收集附件（包括苗木、种子、种植土的进场检验记录，外埠苗木的检疫证明文件，本地苗木产地检疫合格证等）。

（2）工程名称填写应准确、统一，日期应准确；苗木、种子、种植土名称、规格型号、数量、检验项目和结果等填写应规范、准确。

（3）检验结论及相关人员签字应清晰可辨认，严禁其他人代签。

（4）按规定应进场复试的工程物资，必须在进场检查验收合格后取样复试。

4. 种植土试验报告、种子发芽率试验报告

根据《园林绿化工程施工及验收规范》（DB11/T 212—2017）的要求，进场种植土、种子需进行复试，由施工单位及时取样后送至规定的检测单位，检测单位根据相关标准进行试验后填写《种植土试验报告》《种子发芽率试验报告》并返还施工单位。返还的试验报告应重点保存，并作为附件随《苗木、种子进场报验表》进入资料流程，报请监理单位验收，由监理工程师签署审查结论。

（三）园林铺地、园林景观构筑物及其他造景工程

1. 各种物资出厂合格证、质量保证书

由供应单位提供，建设单位、施工单位各保存一份。

2. 预制钢筋混凝土构件出厂合格证、钢构件出厂合格证

由供应单位提供并填写，建设单位、施工单位各保存一份。

3. 水泥性能检测报告、钢材性能检测报告、木结构材料检测报告、防水材料性能检测报告

由供应单位提供并填写，建设单位、施工单位各保存一份。

需要注意的是，水泥应有质量证明文件。水泥生产单位应在水泥出厂 7 天内提供 28 d 强度以外的各项试验结果，28 d 强度结果应在水泥发出日起 32 天内补报。用于承重结构的水泥、使用部位有强度等级要求的水泥、水泥出厂超过三个月（快硬硅酸盐水泥为一个月）和进口水泥使用前应进行复试，并由试验单位提供《水泥试验报告》。

4. 水泥试验报告、砂试验报告、钢材试验报告、碎（卵）石试验报告、防水卷材试验报告、透水砖试验报告、木材试验报告

由试验单位提供，建设单位、施工单位保存。

（四）园林用电工程

1. 各种物资出厂合格证、生产许可证、CCC 认证及证书复印件

由供应单位提供，建设单位、施工单位各保存一份。

园林用电工程物资应有出厂合格证、生产许可证、CCC 认证标志和认证证书复印件及主要设备的安装技术文件。具体包括"低压成套配电柜、动力照明配电箱（盘柜）出厂合格证、生产许可证、试验记录、CCC 认证及证书复印件""电动机、变频器、低压开关设备合格证、生产许可证、CCC 认证及证书复印件""照明灯具、开关、插座及附件出厂合格证、CCC 认证及证书复印件""电线、电缆出厂合格证、生产许可证、CCC 认证及证书复印件""电缆头部件及灯杆、灯柱合格证""主要设备安装技术文件"。

2. 电缆试验报告

由试验单位提供，建设单位、施工单位保存。

（五）园林给水排水工程

各种物资质量证明文件、合格证由供应单位提供，建设单位、施工单位各保存一份。

园林给水排水工程物资应有产品质量证明文件及检测报告，水表应有计量检定证书，排气阀、泄水阀、喷头应有调试报告及定压合格证书，主要设备、器具应有安装使用说明书。具体包括"管材产品质量证明文件、合格证""主要材料、设备等产品质量合格证及检测报告""排气阀、泄水阀、喷头合格证书""主要设备安装使用说明书""管材（管件）试验报告"。

学习情境十五

施工测量记录的收集与编制

学习情境描述

（1）教学情境描述：在编制施工测量记录前，资料员应熟悉施工测量记录分类、内容及审批流程；熟悉项目施工图纸、施工合同、合同清单及相关备案文件；熟悉施工项目重要测量控制点位、施测方法，做好测量依据文件及测量成果文件的收集工作。在本学习情境中，各小组根据要求，完成《施工测量定点放线报验表》《工程定位测量记录》的编制工作。

（2）关键知识点：施工测量记录的分类；施工测量记录的编制内容、要求；施工测量记录的审批流程。

（3）关键技能点：《施工测量定点放线报验表》《工程定位测量记录》的编制；测量依据文件及测量成果文件的收集。

(1)掌握施工测量记录的分类、编制内容及要求。

(2)掌握施工测量记录审批流程。

(3)能依据项目实际情况正确填写施工测量记录表格。

任务书

完成《沈阳市×××公园改造工程》施工测量记录表格的填写。

任务分组

班级		组号		指导教师	
组长		学号			
组员	姓名			学号	
任务分工：					

获取信息

引导问题 1：扫描右侧二维码(码 15-1)，阅读其中的内容后，试编制本项目《施工测量定点放线报验表》《工程定位测量记录》的资料编号。

码15-1：
引导问题1

引导问题 2：扫描右侧二维码(码 15-2)，阅读其中的内容后回答问题：施工测量记录表有哪些? 施工测量记录的编制主要包括哪些内容? 在编制施工测量记录过程中，资料员需收集哪些文件?

码15-2：
引导问题2

工作计划（方案）

步骤	工作内容	负责人
1		
2		
3		
4		
5		
6		
7		

▌进行决策

（1）各小组派代表阐述施工测量记录的主要表格及表格内容。

（2）各小组派代表阐述小组分工，总结施工测量记录的编制方法。

（3）教师对各小组的完成情况进行点评，总结施工测量记录分类、表格填写原理及方法。

▌工作实施

码15-3：
工作实施

扫描右侧二维码（码15-3），阅读其中的内容后，各组参照《园林绿化工程资料管理规程》（DB11/T 712—2019）的规定，准确填写施工测量记录编号；结合项目背景资料，完成表15-1、表15-2的填写。

表 15-1　施工测量定点放线报验表

施工测量定点放线报验表 表 C4-1		资料编号	
工程名称			
地点		日期	

致：_____（监理单位）

　　我方已完成（部位）_____

　　（内容）_____

　　的测量放线，经自验合格，请予查验。

　　附件：1 □放线的依据材料　　　页

　　　　　2 □放线成果表　　　页

测量员（签字）：　　×××　　　　　岗位证书号：　　××××

查验人（签字）：　　×××　　　　　岗位证书号：　　××××

施工单位名称：　　　　　　　　　　技术负责人（签字）：

查验结果：			
查验结论：	□合格	□纠错后重报	
监理单位名称：	监理工程师(签字)：		日期：

表 15-2　工程定位测量记录表

工程定位测量记录 表 C4-2		资料编号	
工程名称		委托单位	
图纸编号		施测日期	
平面坐标依据		复测日期	
高程依据		使用仪器	
允许偏差		仪器校验日期	
定位抄测示意图：			
复测结果：			
建设(监理)单位	施工(测量)单位	测量人员 岗位证书号	
	技术负责人	测量负责人	复测人	施测人

学生自评表

任务	完成情况记录
是否按计划时间完成	
相关理论完成情况	
技能训练情况	
材料上交情况	
收获	

学生互评表

序号	评价内容	小组互评	教师评价	总评
1	任务是否按时完成			
2	材料完成上交情况			
3	作品质量			
4	语言表达能力			
5	成员间合作面貌			
6	创新点			

相关知识点

一、施工记录的分类

根据《园林绿化工程资料管理规程》(DB11/T 712—2019)，C4 施工测量记录中主要包括《施工测量定点放线报验表》《工程定位测量记录》《测量复核记录》《基槽验线记录》(图 15-1)。

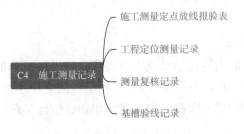

图 15-1 施工测量记录的分类

1. 施工测量定点放线报验表

施工测量记录是指在施工过程中形成的确保构筑物位置、尺寸、标高和变形量等满足设计要求与规范规定的各种测量成果记录的统称。

施工单位应将施工测量方案、红线桩的校核成果、水准点的引测结果填写《施工测量定点放线报验表》附《工程定位测量记录》报项目监理部；施工单位在施工场地设置平面坐标控制网（或控制导线）高程控制网后，应填写《施工测量定点放线报验表》报项目监理部，由监理工程师签认；对施工轴线控制桩的位置，水平控制线、轴线竖向投测控制线等放线结果应填写《施工测量定点放线报验表》，并附放线记录报项目监理部签认。

监理工程师应检查承包单位测量人员的岗位证书及测量设备的检定证书；项目监理部应进行必要的复核，符合设计要求及有关规定，由专业监理工程师签认；专业监理工程师应复核控制桩的校核成果、控制桩的保护措施及平面控制网、高程控制网和临时水准点的测量成果。

施工测量定点放线报验表由施工单位填报，建设单位、监理单位、施工单位各保存一份。编制要求如下。

（1）我方已完成（部位）：应按实际测量放线部位填写。

（2）内容：应将已完成的测量放线具体内容描述清楚。

（3）附件：填写放线的依据材料，放线成果表的页数。

（4）测量员（签字）：应由具有施工测量放线资格的技术人员签字，并填写岗位证书编号。查验人（签字）：应由具有施工测量验线资格的技术人员签字，并填写岗位证书编号。

（5）技术负责人（签字）：为项目技术负责人。

（6）查验结果：应由负责查验的监理工程师填写，填写内容为：放线的依据材料是否合格有效；实际放线结果是否符合设计或规范精度要求。

（7）当"查验结论"为合格时，在"合格"栏中画"√"，监理工程师应在相应的所附记录签字栏内签字；当"查验结论"为不合格时，在"纠错后重报"栏中画"√"，进行重新报验。

（8）填写的日期应与报验的顺序号相对应，在所有的序列表格填写中都要注意这一要求。

2. 工程定位测量记录

工程定位测量纪录的内容包括建筑物位置线、现场标准水准点、坐标点（包括场地控制网或建筑物控制网、标准轴线桩等），工程定位测量记录由施工单位填写，随相应的《施工测量放线报验表》进入资料流程，建设单位、监理单位、施工单位各保存一份。编制要求如下。

（1）测绘部门根据建设工程规划许可证（附件）批准的园林工程位置及标高依据，测定出工程的红线桩。

（2）施工测量单位应依据测绘部门提供的放线成果、红线桩及场地控制网（或建筑物控制网），测定建筑物位置、主控轴线及尺寸、建筑物±0.000绝对高程、园林工程边界线，并填写《工程定位测量记录》报监理单位审核。

（3）委托单位：填写建设单位或总承包单位。

（4）平面坐标依据、高程依据：由测绘院或建设单位提供，应以规划部门钉桩坐标为标准，在填写时应注明点位编号，且与交桩资料中的点位编号一致。

3. 测量复核记录

测量复核记录是指施工前对施工测量放线的复测，应填写《测量复核记录》。测量复核记录由施工单位填写并保存，测量复核记录内容要求如下。

（1）构筑物（桥梁、道路、各种管道、水池等）位置线。

（2）基础尺寸线，包括基础轴线、断面尺寸、标高（槽底标高、垫层标高等）。

（3）主要结构的模板，包括几何尺寸、轴线、标高、预埋件位置等。

（4）桥梁下部结构的轴线及高程，上部结构安装前的支座位置及高程等。

4. 基槽验线记录

施工测量单位应根据主控轴线和基底平面图，检验构筑物基底外轮廓线、垫层标高（高程）、基槽断面尺寸和坡度等，填写《基槽验线记录》报监理单位审核。基槽验线记录由施工测量单位（一般为施工单位）填写，建设单位、施工单位各保存一份。

学习情境十六

施工记录的收集与编制

学习情境描述

（1）教学情境描述：在编制施工记录前，资料员应熟悉施工记录分类、内容及审批流程；熟悉项目施工图纸、施工合同、合同清单及相关备案文件；熟悉各专业工程施工工艺流程，材料特点，做好施工记录文件的收集工作。在本学习情境中，各小组根据要求，完成《隐蔽工程检查记录》《交接检查记录》《绿化用地处理记录》的编制工作。

（2）关键知识点：施工记录的分类；施工记录的编制内容、要求；施工记录的审批流程。

（3）关键技能点：隐蔽工程检查记录、交接检查记录、绿化用地处理记录的编制；施工试验报告及施工记录相关文件的收集。

学习目标

(1)掌握施工记录的分类、编制内容及要求。

(2)掌握施工记录的审批流程。

(3)能依据项目实际情况正确填写施工记录表格。

任务书

完成《沈阳市×××公园改造工程》施工记录表格的填写。

任务分组

班级		组号		指导教师	
组长		学号			
组员	姓名			学号	

任务分工：

获取信息

引导问题1：扫描右侧二维码（码16-1），阅读其中的内容后，试编制本项目《隐蔽工程检查记录》《交接检查记录》《绿化用地处理记录》的资料编号。

码16-1：
引导问题1

引导问题2：扫描右侧二维码(码16-2)，阅读其中的内容后回答问题：施工通用表格有哪些？通用表格的编制主要包括哪些内容？在编制施工通用表格过程中，资料员需收集哪些文件？

码16-2：
引导问题2

_____

_____

_____

引导问题3：扫描右侧二维码(码16-3)，阅读其中的内容后回答问题：绿化种植工程施工记录有哪些？编制内容有哪些？在编制绿化种植工程施工记录过程中，资料员需收集哪些文件？

码16-3：
引导问题3

_____

_____

_____

引导问题4：扫描右侧二维码(码16-4)，阅读其中的内容后回答问题：园林铺地、园林景观构筑物及其他造景工程施工记录有哪些？编制内容有哪些？在编制园林铺地、园林景观构筑物及其他造景工程施工记录过程中，资料员需收集哪些文件？

码16-4：
引导问题4

_____

_____

_____

引导问题5：扫描右侧二维码(码16-5)，阅读其中的内容后回答问题：园林用电工程施工记录有哪些？编制内容有哪些？在编制园林用电工程施工记录过程中，资料员需收集哪些文件？

码16-5：
引导问题5

_____

_____

_____

工作计划(方案)

步骤	工作内容	负责人
1		
2		
3		
4		
5		
6		
7		

进行决策

（1）各小组派代表阐述施工记录主要表格及表格内容。

（2）各小组派代表阐述小组分工，总结施工记录的编制方法。

（3）教师对各小组的完成情况进行点评，总结施工记录分类、表格填写原理及方法。

工作实施

码16-6：
工作实施

扫描右侧二维码（码 16-6），阅读其中的内容后，各组参照《园林绿化工程资料管理规程》（DB11/T 712—2019）的规定，准确填写施工记录编号；结合项目背景资料，完成表 16-1～表 16-3 的填写。

表 16-1 隐蔽工程检查记录表

隐蔽工程检查记录 表 C5-2		资料编号	
工程名称			
施工单位			
隐检部位		隐检项目	
隐 检 内 容			
	填表人：		
检 查 及 处 理 意 见			
		检查日期：　年　月　日	
复 查 结 果			
		复查日期：　年　月　日	
监理（建设）单位	设计单位		施工单位

表 16-2　交接检查记录表

交接检查记录 表 C5-3		资料编号	
移交单位名称		接收单位名称	
交接部位		检查日期	
交接内容			
检查结果			
复查意见			
见证单位意见			
移交单位	接收单位		见证单位

表 16-3　绿化用地处理记录表

绿化用地处理记录 表 C5-4		资料编号	
工程名称		施工单位	
处理时间			
处理范围			
出现问题：			
解决方法：			
结论：			
建设(监理)单位	施工单位		
	技术负责人	质量员	施工员

评价反馈

学生自评表

任务	完成情况记录
是否按计划时间完成	
相关理论完成情况	
技能训练情况	
材料上交情况	
收获	

学生互评表

序号	评价内容	小组互评	教师评价	总评
1	任务是否按时完成			
2	材料完成上交情况			
3	作品质量			
4	语言表达能力			
5	成员间合作面貌			
6	创新点			

相关知识点

一、施工记录的分类

根据《园林绿化工程资料管理规程》(DB11/T 712—2019)，C5 施工记录中主要包括通用表格，绿化种植工程，园林铺地、园林景观构筑物及其他造景工程，园林用电工程(图 16-1)。

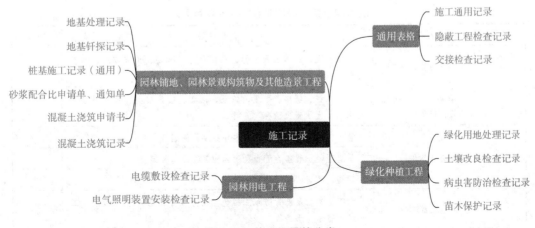

图 16-1　施工记录的分类

园林工程施工记录编制过程中，因各专业施工工艺流程不同，使用材料特性不同，需用表格制式也不同，资料员在进行施工记录填报工作时，应结合施工专业、施工工艺、材料特性等，选用合适的表格样式填写。

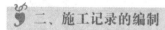 二、施工记录的编制

(一)通用表格

1. 施工通用记录

在专用施工记录不适用表格的情况下，应填写《施工通用记录》。

2. 隐蔽工程检查记录

隐蔽工程是指被下一道工序或下一个部位施工完成后所隐蔽(掩盖)的工程项目。隐蔽工程在隐蔽前必须进行隐蔽工程质量检查，由施工单位负责人组织施工人员、质检人员并请监理(建设)单位代表参加，必要时请设计人员参加；建(构)筑物的验槽、基础、主体结构验收，应通知质量监督站参加。

隐蔽工程检查记录为通用施工记录，适用于各专业。按规定应进行隐检的项目(表16-4)，隐蔽工程检查记录由施工单位填写后随各相应检验批进入资料流程，无对应检验批的直接报送监理单位审批后各单位存档。本表由施工单位填写，建设单位、施工单位各保存一份。编制要求如下。

(1)工程名称、隐检项目、隐检部位及日期必须填写正确。

(2)隐检依据、主要材料名称及规格型号应准确，尤其对设计变更、洽商等容易遗漏的资料应填写完全。

(3)隐检内容应填写规范，必须符合各种规程、规范的要求。

(4)签字应完整，严禁他人代签。

(5)做好附件收集工作，包括隐蔽工程部位所涉及的施工试验报告等。

(6)审核意见应明确，将隐检内容是否符合要求表达清楚；复查结论主要是针对上一次隐检出现的问题进行复查，因此要对质量问题整改的结果描述清楚。

表16-4 需做隐蔽工程检查的项目列表

序号	隐检项目	隐检内容	备注
1	地基与基础	土质情况、基槽位置坐标、几何尺寸、标高、边坡坡度、地基处理、基础防水	
2	基础与主体结构各部位钢筋	钢筋品种、规格、数量、位置、间距、接头情况、保护层厚度及除锈、代用变更情况	
3	管道、构件	管道、构件的基层处理，内外防腐、保温	
		管道混凝土管座、管带及附属构筑物的隐蔽部位	
		管沟、小室(闸井)防水	
4	防水细部	水工构筑物及沥青防水工程包括防水层下的各层细部做法、工作缝、防水变形缝等	

序号	隐检项目	隐检内容	备注
5	预埋件	各类钢筋混凝土构筑物预埋件位置、规格、数量、安装质量情况	
6	填埋场导排层(渠)	铺设材质、规格、厚度、平整度,导排渠轴线位置、花管内底高程、断面尺寸等	
7	直埋于地下或结构中,以及有保温、防腐要求的管道	管道及附件安装的位置、高程、坡度;各种管道间的水平、垂直净距;管道及其焊缝的安排及套管尺寸;组对、焊接质量(间隙、坡口、钝边、焊缝余高、焊缝宽度、外观成型等);管支架的设置等	
8	电气工程	没有专业表格的电气工程隐蔽工程内容,如电缆埋设路径、深度、接地、套管等	
9	架空绿地构造层	检查防水隔根(阻根)层及排蓄水层的材质、规格、铺贴方式、坡度、厚度、排水方向、接缝处理、细部做法等	
10	大规格树木的种植基础及通气透水设施	种植穴底部及四周土质;排水方式、管材规格、材质、数量、排水方向	
11	草坪铺设前整地	检查翻地深度、土质、添加基肥等	
12	边坡基础	检查锚杆的品种、规格、除锈、除污	
13	园林铺地工程	检查基层材料品种、规格、铺设厚度、坡度、标高、表面平整度等	
14	地形整理工程	地形整理的平整度、有无杂质、排水坡度、土壤改良等	

3. 交接检查记录

某一工序完成后,移交给另一单位进行下一道工序施工前,移交单位和接受单位应进行交接检查,并约请监理(建设)单位参加见证。本表由施工单位填写,移交单位、接受单位、见证单位各保存一份。编制要求如下。

(1)交接检查记录应对工序实体、外观质量、遗留问题、成品保护、注意事项等情况进行记录。

(2)"见证单位"栏内应填写施工总承包单位质量技术部门,参与移交及接受的单位不得作为见证单位。

(3)见证单位应根据实际检查情况,并汇总移交单位和接收单位意见形成见证单位意见。

(二)绿化种植工程

1. 绿化用地处理记录

施工前或施工中遇到不能按计划进行种植的特殊情况,如不适宜种植的土层、坟墓、垃圾堆、井、坑、巨石、结构层等,施工单位应进行处理,并填写绿化用地处理记录。绿化用地处理记录由施工单位填写并保存。

2. 土壤改良检查记录

施工前或施工中，施工单位应对不适宜所栽植植物生长的土壤进行更换或原土物理改良和化学改良，并填写土壤改良检查记录。土壤改良检查记录由施工单位填写并保存。

3. 病虫害防治检查记录

在苗木栽植后进行的物理防治、化学防治、生物防治，施工单位应对防治方法、药物浓度、防治区域等进行记录，并填写病虫害防治检查记录。病虫害防治检查记录由施工单位填写并保存。

4. 苗木保护记录

施工单位应填写苗木保护记录，记录苗木栽植前的假植、定植后的遮阴、防风、防寒等保护措施。苗木保护记录由施工单位填写并保存。

(三)园林铺地、园林景观构筑物及其他造景工程

1. 地基处理记录

当地基处理采用沉入桩、钻孔桩时，填写地基处理记录。地基处理内容应包括原地面排降水、清除树根、淤泥、杂物及地面下坟坑、水井及较大坑穴的处理记录。编制要求如下。

(1)地基需处理时，应由勘察、设计单位提出处理意见，施工单位应依据勘察、设计单位提出的处理意见进行地基处理，且在完工后填写地基处理记录。

(2)地基处理记录包括地基处理部位、处理过程及处理结果简述、审核意见等，并应进行干土质量密度或贯入度试验。

(3)当地基处理范围较大、内容较多、用文字描述较困难时，应附简图示意。

(4)附件收集：相关设计图样、设计变更及地质勘察报告等。

(5)当地基处理采用碎石桩、灰土桩等桩基处理时，由专业施工单位提供地基处理的施工记录。

2. 地基钎探记录

地基钎探记录用于检验浅土层的均匀性，确定地基的容许承载力及检验填土质量。钎探前应绘制钎探点布置图，确定钎探点布置及顺序编号。按照钎探图及有关规定进行钎探并填写地基钎探记录。

3. 桩基施工记录(通用)

桩基包括预制桩、现制桩等，应按规定填写《桩基施工记录(通用)》，附布桩、补桩平面示意图，并注明桩编号。桩基检测应按国家有关规定进行成桩质量检查(含混凝土强度和桩身完整性)。由分承包单位承担桩基施工的，完工后应将记录移交总包单位。

4. 砂浆配合比申请单、通知单

使用砌筑砂浆的工程，施工单位必须在砌筑施工前委托具有相应资质的检测单位做砂浆配合比试验，出具配合比通知单后方可进行砌筑施工。

委托单位应依据设计强度等级及其技术要求、施工部位、原材料情况等，分别向实验室提出配合比申请单，实验室依据配合比申请单，经实验室批准人认可后签发配合比通知单。当原材料更换时，砂浆配合比通知单应重新试配。砂浆配合比申请单、通知单由施工单位保存。

5. 混凝土浇筑申请书

为保证混凝土施工质量、保证后续工序正常进行，正式浇筑混凝土前，施工单位应检查各项准备工作(如钢筋、模板工程检查，水电预埋检查，材料、设备及其他准备等)，自检合格后填写混凝土浇筑申请书，报监理单位后方可浇筑混凝土。

混凝土浇筑申请书由施工单位填写并保存，并交监理单位一份备案。

6. 混凝土浇筑记录

现场浇筑 C20(含 C20)强度等级以上的混凝土，应填写混凝土浇筑记录。混凝土浇筑记录由施工单位填写并保存。

(四)园林用电工程

1. 电缆敷设检查记录

施工单位应对电缆的敷设方式、编号、起/止位置、规格、型号进行检查，并按《电气装置安装工程 电缆线路施工及验收标准》(GB 50168—2018)规范要求，对安装工艺质量进行检查，填写电缆敷设检查记录。电缆敷设检查记录由施工单位填写并保存。

2. 电气照明装置安装检查记录

对电气照明装置的配电箱(盘)、配线、各种灯具、开关、插座等安装工艺及质量按《建筑电气工程施工质量验收规范》(GB 50303—2015)的要求进行检查，填写电气照明装置安装检查记录。电气照明装置安装检查记录由施工单位填写并保存。

学习情境十七

施工试验记录的收集与编制

学习情境描述

(1)教学情境描述：在编制施工试验记录前，资料员应熟悉施工试验记录分类、内容及审批流程；熟悉项目施工图纸、施工合同、合同清单及相关备案文件；熟悉各专业工程施工工艺流程、材料特点；熟悉验收规范要求应试项目，做好施工试验记录文件的收集工作。在本学习情境中，各小组根据要求，完成《防水工程试水记录》《水池满水试验记录》的编制工作。

（2）关键知识点：施工试验记录的分类；施工试验记录的编制内容、要求；施工试验记录的审批流程。

（3）关键技能点：防水工程试水记录、水池满水试验记录的编制；施工试验报告及相关文件的收集。

学习目标

（1）掌握施工试验记录的分类、编制内容及要求。

（2）掌握施工试验记录的审批流程。

（3）能依据项目实际情况正确填写施工试验记录表格。

任务书

完成《沈阳市×××公园改造工程》施工试验记录表格的填写。

任务分组

班级		组号		指导教师	
组长		学号			
组员	姓名			学号	
任务分工：					

获取信息

引导问题1：扫描右侧二维码（码17-1），阅读其中的内容后，试编制本项目《防水工程试水记录》《水池满水试验记录》的资料编号。

码17-1：
引导问题1

引导问题 2：扫描右侧二维码(码 17-2)，阅读其中的内容后回答问题：施工试验记录通用表格有哪些？通用表格的编制内容有哪些？在编制施工通用表格过程中，资料员需收集哪些文件？

码17-2：
引导问题2

_____

_____

_____

引导问题 3：扫描右侧二维码(码 17-3)，阅读其中的内容后回答问题：园林铺地、园林景观构筑物及其他造景工程施工试验记录有哪些？编制内容有哪些？在编制园林铺地、园林景观构筑物及其他造景工程施工试验记录过程中，资料员需收集哪些文件？

码17-3：
引导问题3

_____

_____

_____

引导问题 4：扫描右侧二维码(码 17-4)，阅读其中的内容后回答问题：园林给水排水工程施工试验记录有哪些？编制内容有哪些？在编制园林给水排水工程施工试验记录过程中，资料员需收集哪些文件？

码17-4：
引导问题4

_____

_____

_____

引导问题 5：扫描右侧二维码(码 17-5)，阅读其中的内容后回答问题：园林用电工程施工试验记录有哪些？编制内容有哪些？在编制园林用电工程施工试验记录过程中，资料员需收集哪些文件？

码17-5：
引导问题5

_____

_____

_____

工作计划(方案)

步骤	工作内容	负责人
1		
2		
3		
4		
5		
6		
7		

(1)各小组派代表阐述施工试验记录主要表格及表格内容。

(2)各小组派代表阐述小组分工，小结施工试验记录的编制方法。

(3)教师对各小组的完成情况进行点评，总结施工试验记录分类，表格填写原理及方法。

■■ 工作实施

码17-6：
工作实施

扫描右侧二维码(码17-6)，阅读其中的内容后，各组参照《园林绿化工程资料管理规程》(DB11/T 712—2019)的规定，准确填写施工试验记录编号；结合项目背景资料，完成表17-1、表17-2的填写。

表17-1　防水工程试水记录表

防水工程试水记录 表 C6-9		资料编号	
工程名称			
施工单位			
专业施工单位			
检查部位		检查日期	
检查方式		蓄水时间	
检查结果：			
复查结果：			
复查人：		复查日期：　　年　　月　　日	
其他说明：			
监理(建设)单位	施工单位	专业施工单位	
		技术负责人	质量员	施工员

表 17-2　水池满水试验记录表

水池满水试验记录 表 C6-10		资料编号	
工程名称			
施工单位			
水池名称		注水日期	
水池结构		允许渗水量	
水池平面尺寸		水面面积 A_1	
水深		湿润面积 A_2	
测读记录	初读数	末读数	两次读数差
测读时间 （年 月 日 时 分）			
水池水位 E/mm			
蒸发水箱水位 e/mm			
大气温度/℃			
水温/℃			
实际渗水量	m^3/d	L/(m^2·d)	占允许量的百分率/％
试验结论：			
监理（建设）单位	施工单位		
	技术负责人	质量员	测量人

学生自评表

任务	完成情况记录
是否按计划时间完成	
相关理论完成情况	
技能训练情况	
材料上交情况	
收获	

学生互评表

序号	评价内容	小组互评	教师评价	总评
1	任务是否按时完成			
2	材料完成上交情况			
3	作品质量			
4	语言表达能力			
5	成员间合作面貌			
6	创新点			

相关知识点

一、施工试验记录的分类

根据《园林绿化工程资料管理规程》(DB11/T 712—2019)，C6 施工试验记录中主要包括通用表格，园林铺地、园林景观构筑物及其他造景工程，园林给水排水工程，园林用电工程(图 17-1)。

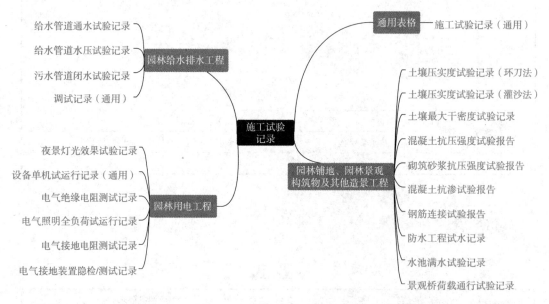

图 17-1 施工试验记录的分类

园林工程施工试验记录编制过程中，因各专业使用材料特性不同，应试项目不同，需用表格制式也不同，资料员在进行施工试验记录填报工作时，应结合施工专业、材料特性、应试项目等，选用合适的表格样式填写。

(一)通用表格

1. 施工试验记录(通用)

施工试验记录(通用)是在无专用施工试验记录的情况下,对施工试验方法和试验数据进行记录的表格。

施工试验记录(通用)由具备相应资质等级的检测单位出具报告并随相关资料进入资料流程。施工单位、建设单位各保存一份。编制要求如下。

(1)在完成检验批的过程中,由施工单位试验负责人负责制作施工试验试件,之后送至具备相应检测资质等级的检测单位进行试验。

(2)检测单位根据相关标准对送检的试件进行试验后,出具试验报告并将报告返还施工单位。

(3)施工单位将施工试验记录作为检验批报的附件,随检验批资料进入审批程序(后续各种专用试验记录形成流程相同)。

(4)按照设计要求和规范规定应做施工试验,且无相应施工试验表格的,应填写施工试验记录(通用)。

(5)采用新技术、新工艺及特殊工艺时,对施工试验方法和试验数据进行记录,应填写施工试验记录(通用)。

(二)园林铺地、园林景观构筑物及其他造景工程

1. 土壤压实度试验记录(环刀法)、土壤压实度试验记录(灌沙法)

土壤压实度的检测试验可采用环刀法或灌沙法。土壤压实度试验记录由施工单位填写,施工单位、建设单位各保存一份。编制要求如下。

(1)工程名称、施工部位、填土种类要写具体。

(2)填土种类:具体包括素土、$m:n$ 灰土(如 3:7 灰土)、砂或砂石、粉煤灰砂砾等。

2. 土壤最大干密度试验记录

测量土壤的最大含水率和干密度应填写《土壤最大干密度试验记录》,土壤最大干密度试验记录由具备相应资质等级的检测机构出具后随相关资料进入资料流程,施工单位、建设单位各保存一份。

3. 混凝土抗压强度试验报告、混凝土抗渗试验报告

混凝土抗压强度试验报告由具备相应资质等级的检测单位出具后随相关资料进入资料流程。施工单位、建设单位各保存一份。编制要求如下。

(1)应有按规定组数留置的 28 天龄期标养试块和足够数量的同条件养护试块,并按《混凝土抗压强度试验报告》《混凝土抗渗试验报告》的要求进行试验。

(2)由不合格批混凝土制成的结构或未按规定留置试块的,应有结构处理的有关资

料，需要检测的，应有法定检测单位的检测报告，并征得原设计单位的书面认可。

（3）试块的留置数量及必试项目应符合规范要求。

（4）抗渗混凝土、抗压混凝土、特种混凝土除应具有上述资料外，还应有其他专项试验报告。

（5）用于承重结构的混凝土抗压强度试块，按规定实行有见证取样和送检的管理。

（6）潮湿环境、直接与水接触的混凝土工程和外部有碱环境并处于潮湿环境的混凝土工程，应预防碱集料反应，并按有关规定执行，有相关检测报告。

4. 砌筑砂浆抗压强度试验报告

砌筑砂浆抗压强度试验报告由具备相应资质等级的检测单位出具后随相关资料进入资料流程。施工单位、建设单位各保存一份。编制要求如下。

（1）应有配合比申请单和实验室签发的配合比通知单。

（2）应有按规定留置的龄期为 28 天标准养护试块，并按《砌筑砂浆抗压强度报告》的要求进行试验。

（3）用于承重结构的砌筑砂浆试块应实行有见证取样和送检的管理。

5. 钢筋连接试验报告

钢筋连接试验报告由具备相应资质等级的检测单位出具后随相关资料进入资料流程。钢筋连接试验报告由试验单位填写，施工单位、建设单位各保存一份。编制要求如下。

（1）试验报告中应写明工程名称、钢筋级别、接头类型、规格、代表数量、检验形式、试验数据、试验日期、试验结果。

（2）用于焊接、机械连接钢筋的力学性能和工艺性能应符合现行国家标准。

（3）在正式焊（连）接工程开始前及施工过程中，应对每批进场的钢筋，在现场条件下进行工艺检验。工艺检验合格后方可进行焊接或机械连接的施工。

（4）钢筋焊接接头或焊接制品、机械连接接头应按焊（连）接类型和验收批的划分进行质量验收并现场取样复试，并应填写《钢筋连接试验报告》。

（5）采用机械连接接头形式施工时，技术提供单位应提交相应资质等级的检测机构出具的型式检测报告。

（6）承重结构工程中的钢筋连接接头按规定实行有见证取样和送检的管理。

6. 防水工程试水记录

防水工程完成后，应进行试水试验，并填写《防水工程试水记录》。《防水工程试水记录》由施工单位填写，建设单位、施工单位各保存一份。

7. 水池满水试验记录

园林工程水系应做满水试验，满水试验包括水面降差、蒸发量，通过公式计算是否符合规范要求。测定水池的渗水量及蒸发量应填写《水池满水试验记录》。水池满水试验由施工单位填写，建设单位、施工单位各保存一份。编制要求如下。

（1）根据实际情况填写实测数据，要准确，内容齐全，不得漏项。

（2）工程采用施工总承包管理模式的，签字人员应为施工总承包单位的有关人员。

（3）雨天时，不做满水试验。

（4）渗水量限值：钢筋混凝土水池不得超过 $2\ \mathrm{L/(m^2 \cdot d)}$；砖石砌体水池不得超过

3 L/(m^2 · d);卷材防水一般没有渗水量。

(5)水池渗水量按下列公式计算:

$$q=\frac{A_1}{A_2}[(E_1-E_2)-(e_1-e_2)]$$

式中　q——渗水量[L/(m^2 · d)];

　　　A_1——水池的水面面积(m^2);

　　　A_2——水池的浸湿总面积(m^2);

　　　E_1——水池中水位测针的初读数(mm);

　　　E_2——测读 E_1 后 24 小时水池中水位测针末的读数(mm);

　　　e_1——测读 E_1 时水箱中水位测针的读数(mm);

　　　e_2——测读 E_2 时水箱中水位测针的读数(mm)。

(e_1 和 e_2 是用来计算水池中蒸发量的,若蒸发量忽略不计,则该项数值为零。)

8. 景观桥荷载通行试验记录

采用重物平推的方法进行景观桥通行荷载的试验并填写《景观桥荷载通行试验记录》。景观桥荷载通行试验记录由施工单位填写,建设单位、施工单位各保存一份。

(三)园林给水排水试验记录

给水管道安装经质量检查符合标准和设计文件规定后,应按标准规定的长度进行水压试验并对管网进行清洗,试验后填写《给水管道通水试验记录》《给水管道水压试验记录》《污水管道闭水试验记录》。

1. 给水管道通水试验记录

给水管道通水试验记录由施工单位填写,建设单位、施工单位各保存一份。编制要求如下。

(1)以设计要求和规范规定为依据,适用条目要准确。

(2)根据试验的实际情况填写实测数据,要准确,内容齐全,不得漏项。

(3)通水试验为系统试验,一般在系统完成后统一进行。

(4)工程采用施工总承包管理模式的,签字人员应为施工总承包单位的相关人员。

(5)表格中通水流量(m^3/h)按供水管径核算获得。

2. 给水管道水压试验记录

给水管道水压试验记录由施工单位填写,施工单位、建设单位各保存一份。编制要求如下。

(1)当管道工作压力大于或等于 0.1 MPa 时,应进行强度严密性试验,管道强度及严密性试验采用水压试验法试验并做记录。

(2)管道水压试验的分段长度不宜大于 1.0 km。

3. 污水管道闭水试验记录

污水管道闭水试验记录由施工单位填写,施工单位、建设单位各保存一份。编制要求如下。

(1)当管道工作压力小于 0.1 MPa 时,按设计要求进行闭水试验。

（2）试验管段灌满水后浸泡时间不应小于 24 小时。

（3）当试验水头达到规定水头时开始计时，观测管道的渗水量，直至观测结束时，应不断地向试验管段内补水，保持试验水头恒定。渗水量的观测时间不得小于 30 分钟。

（4）实测渗水量应按下式计算，标准试验水头管道闭水试验允许渗水量见表 17-3。

$$q = \frac{W}{T \cdot L} \times 1\,440$$

式中　q——渗水量$[L/(h \cdot m)]$；

　　　W——补水量(L)；

　　　T——实测渗水量观测实践(min)；

　　　L——试验管段长度(m)。

表 17-3　标准试验水头管道闭水试验允许渗水量

管径/mm	允许渗水量/$[L \cdot (h \cdot m)^{-1}]$
	混凝土管、钢筋混凝土管、灌渠
150 以下	0.3
200	0.5
300	0.7
400	0.8
500	0.9
600	1.0

4. 调试记录（通用）

调试记录（通用）适用于一般设备、设施在调试时无专用记录表格的情况。由施工单位填写，施工单位、建设单位各保存一份。

（四）园林用电工程

1. 夜景灯光效果试验记录

夜景灯光效果试验的检查内容包括灯光强度、色彩、智能组合能够满足设计要求。夜景灯光效果试验记录由施工单位填写，建设单位、施工单位各保存一份。

2. 设备单机试运行记录（通用）

各种运转设备试运行记录在无专用表格的情况下应采用《设备单机试运行记录（通用）》进行记录。《设备单机试运行记录（通用）》由施工单位填写，施工单位、建设单位各保存一份。

3. 电气绝缘电阻测试记录

电气安装工程安装的所有高、低压电气设备、线路、电缆等在送电试运行前应全部按规定进行绝缘电阻测试，填写《电气绝缘电阻测试记录》。《电气绝缘电阻测试记录》由施工单位填写，施工单位、建设单位各保存一份。编制要求如下。

（1）《电气绝缘电阻测试记录》应由建设（监理）单位及施工单位共同进行检查。

（2）检测阻值结果和测试结论齐全。

(3)当同一配电箱(盘、柜)内支路很多，又是同一天进行测试时，本表格填写不下，可续表格进行填写，但编号应一致。

(4)阻值必须符合规范、标准的要求，若不符合规范、标准的要求，应查找原因并进行处理，直到符合要求方可填写此表。

(5)编号栏的填写应参照隐蔽工程检查记录表编号填写，但表式不同时顺序号应重新编号。

(6)要求无未了事项：表格中凡需填空的地方，实际已发生的，如实填写；未发生的，则在空白处画横杠"—"。

4. 电气照明全负荷试运行记录

照明系统通电连续全负荷试运行时间为 24 小时，所有灯具均应开启，且每 2 小时对照明电路各回路的电压、电流等运行数据进行记录，并填写《电气照明全负荷试运行记录》。《电气照明全负荷试运行记录》由施工单位填写，施工单位、建设单位各保存一份。

5. 电气接地电阻测试记录

电气接地电阻测试包括设备、系统的防雷接地、保护接地、工作接地。以及设计有要求的接地电阻测试，测试应填写《电气接地电阻测试记录》。《电气接地电阻测试记录》由施工单位填写，施工单位、建设单位各保存一份。编制要求如下。

(1)《电气接地电阻测试记录》应由建设(监理)单位及施工单位共同进行检查。

(2)检测阻值结果和结论齐全。

(3)电气接地电阻测试应及时，测试必须在接地装置敷设后隐蔽之前进行。

(4)电气接地电阻的检测仪器应在检定有效期内。

(5)编号栏的填写应参照隐蔽工程检查记录表编号填写，但表式不同时顺序号应重新编号。

(6)要求无未了事项：对于选择框，有此项内容，在选择框处画"√"；若无此项内容，可空着，不必画"×"。

6. 电气接地装置隐检/测试记录

电气接地装置安装时应对防雷接地、保护接地、重复接地、综合接地、工作接地等各类接地形式接地系统的接地极、接地干线的规格、形式、埋深、焊接及防腐情况进行隐蔽检查验收，测量接地电阻值，附接地装置平面示意图，并填写《电气接地装置隐检/测试记录》。《电气接地装置隐检/测试记录》由施工单位填写，施工单位、建设单位各保存一份。编制要求如下。

(1)电气接地装置隐检与平面示意图应由建设(监理)单位及施工单位共同进行检查。

(2)检测结论齐全。

(3)检验日期应与电气接地电阻测试记录日期一致。

(4)绘制接地装置隐检与平面示意图时，应把建筑物轴线、各测试点的位置及阻值标出。

(5)编号栏的填写：应与电气接地电阻测试记录编号一致。

(6)要求无未了事项：表格中凡需填空的地方，实际已发生的，如实填写；未发生的，则在空白处画横杠"—"。

学习情境十八

施工质量验收记录的收集与编制

学习情境描述

(1)教学情境描述：在编制施工质量验收记录前，资料员应熟悉施工质量验收记录分类、内容及审批流程；熟悉项目施工图纸、施工合同、合同清单及相关备案文件；熟悉各专业工程施工工艺流程、材料特点；熟悉分项工程质量控制要点(主控项目、一般项目等)，做好施工质量验收记录过程文件的收集工作。在本学习情境中，各小组根据要求，完成《检验批质量验收记录》《分项工程质量验收记录》《分部(子分部)质量验收记录》《分项/分部工程施工报验表》的编制工作。

(2)关键知识点：施工质量验收记录的分类；施工质量验收记录的编制内容、要求；施工质量验收记录的审批流程。

(3)关键技能点：施工质量验收项目的划分；检验批质量验收记录、分项工程质量验收记录、分部(子分部)质量验收记录的编制；施工质量验收过程资料的收集。

学习目标

(1)掌握施工质量验收记录的分类、编制内容及要求。

(2)掌握施工质量验收记录的审批流程。

(3)能依据项目实际情况正确填写施工质量验收记录表格。

任务书

完成《沈阳市×××公园改造工程》施工质量验收记录表格的填写。

任务分组

班级		组号		指导教师	
组长		学号			
组员	姓名			学号	

任务分工：

获取信息

引导问题 1：扫描右侧二维码(码 18-1)，阅读其中的内容后，试编制本项目《检验批质量验收记录》《分项工程质量验收记录》《分部(子分部)质量验收记录》《分项/分部工程施工报验表》的资料编号。

码 18-1：
引导问题 1

_____

_____

_____

引导问题 2：扫描右侧二维码(码 18-2)，阅读其中的内容后回答问题：施工质量验收记录的编制内容有哪些？在编制施工质量验收记录过程中，资料员需收集哪些文件？

码 18-2：
引导问题 2

_____

_____

_____

引导问题 3：扫描右侧二维码(码 18-3)，阅读其中的内容后回答问题：参照《园林绿化工程施工及验收规范》(DB11/T 212—2017)，试列出"整理绿化用地"分项工程的"主控项目""一般项目"。

码 18-3：
引导问题 3

_____

_____

_____

【小提示】主控项目是指园林绿化工程中对安全、成活、美观、环境保护和公众利益起决定性作用的检验项目；一般项目是指除主控项目外的检验项目。主控项目、一般项目参照《园林绿化工程施工及验收规范》执行。

工作计划(方案)

步骤	工作内容	负责人
1		
2		
3		

步骤	工作内容	负责人
4		
5		
6		
7		

进行决策

(1)各小组派代表阐述施工质量验收记录主要表格及表格内容。

(2)各小组派代表阐述小组分工，总结施工质量验收记录的编制方法。

(3)教师对各小组的完成情况进行点评，总结施工质量验收记录分类、表格填写原理及方法。

工作实施

码18-4：
工作实施

扫描右侧二维码(码18-4)，阅读其中的内容后，各组参照《园林绿化工程资料管理规程》(DB11/T 712—2019)的规定，准确填写施工试验记录编号；根据项目背景资料，参照《园林绿化工程施工及验收规范》(DB11/T 212—2017)，完成表18-1～表18-4的填写。

表 18-1　检验批质量验收记录表

单位工程名称		分项工程名称		资料编号	
施工单位		项目负责人			
分包单位		项目负责人			
施工执行标准名称及编号		验收部位			
	质量验收规范的规定	施工单位检查评定结果			监理单位验收记录
主控项目	1				
	2				
	3				
	4				
	5				
	6				
	7				
一般项目	1				
	2				
	3				

	施工员			施工班组长	
施工单位检查评定结果					
	专业质量员：				年　月　日
监理(建设)单位验收记录					
	监理工程师： (建设单位项目专业技术负责人)				年　月　日

表 18-2　分项工程质量验收记录表

单位工程名称		检验批数	
施工单位		项目负责人	
分包单位		项目负责人	

序号	检验批部位、 单项、区段	施工单位 检查评定结果	监理(建设)单位 验收结论
1			
2			
3			
4			
5			
6			
7			
8			
9			
10			
11			
12			
13			
14			
15			
检查结论	项目专业技术负责人： 年　月　日	验收结论	监理工程师： (建设单位项目专业技术负责人) 年　月　日

表 18-3 分项/分部工程施工报验表

工程名称		资料编号	
地点		日期	

现我方已完成_____部位的_____工程，经我方检验符合设计、规范要求，请予以验收。

附件：

              名称   页数   编号

1 □ 质量控制资料汇总表(适用于分部工程)_____页

2 □ 隐蔽工程检查记录表   _____页

3 □ 施工记录   _____页

4 □ 施工试验记录   _____页

5 □ 分项工程质量检验记录   _____页

6 □ 分部工程质量验收记录   _____页

7 □ 其他

施工单位名称：

        质量员(签字)：   技术负责人(签字)：

审查意见：

审查结论：   □合格   □不合格

监理单位名称：   (总)监理工程师(签字)：   审查日期：

表 18-4 分部(子分部)工程质量验收记录表

工程名称				部位	
施工单位		技术负责人		质量负责人	
分包单位		分包项目负责人		施工班组长	

序号	子分部(分项)工程名称	分项(检验批)数	施工单位 检查评定结果	验收意见
1				
2				
3				
4				
5				

质量控制资料		
安全、功能及涉及植物成活 要素检验(检测)报告		
观感质量验收		

验收单位	分包单位	项目负责人:		年 月 日
	施工单位	项目负责人:		年 月 日
	勘察单位	项目负责人:		年 月 日
	设计单位	项目负责人:		年 月 日
	监理(建设)单位	总监理工程师: (建设单位项目专业负责人)		年 月 日

评价反馈

学生自评表

任务	完成情况记录
是否按计划时间完成	
相关理论完成情况	
技能训练情况	
材料上交情况	
收获	

学生互评表

序号	评价内容	小组互评	教师评价	总评
1	任务是否按时完成			
2	材料完成上交情况			
3	作品质量			
4	语言表达能力			
5	成员间合作面貌			
6	创新点			

▌ 相关知识点

一、施工质量验收记录的分类

根据《园林绿化工程资料管理规程》(DB11/T 712—2019)，C7施工质量验收记录中主要包括《分项/分部工程施工报验表》《检验批质量验收记录》《分项工程质量验收记录》《分部(子分部)工程质量验收记录》(图18-1)。

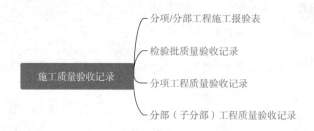

图 18-1　施工质量验收记录的分类

园林绿化工程具有建设周期长、涉及专业广、场地范围大、工艺流程复杂的特点，项目竣工后质量是否能达到标准，施工过程质量验收控制尤为重要。

二、施工质量验收的项目划分

1. 施工质量验收项目划分要求

根据建设任务、施工管理和质量评定的需要，在施工准备阶段，应根据《园林绿化工程施工及验收规范》(GB11/T 212—2017)的规定，结合工程特点，对园林绿化工程按单位工程、分部工程和分项工程逐级进行划分，直至能详细列出所有的每个分项工程的编号、名称或内容、部位，对于工作量较大的分项工程，受施工工艺、施工周期、人员配备、环境条件等客观因素制约，施工质量验收很难一次完成，此时分项工程又可划分为若干检验批进行施工质量验收。

2. 施工质量验收项目划分细则

(1)单位(子单位)工程:具有独立的施工条件和独立的使用功能的建筑物为单位工程进行验收。

(2)分部(子分部)工程:根据专业的不同,可将单位工程划分为分部工程进行验收。

(3)分项工程:根据工种、工序的不同,可将分部工程划分为分项工程进行验收。

(4)根据工作量、工序、工种可将分项工程进一步划分为检验批进行验收(表18-5)。

表18-5 质量验收分部(子分部)分项名录划分表

分部/子分部		分项
绿化种植	一般性基础	整理绿化用地,地形整理(土山、微地形),通气透水
	架空绿地构造层	防水隔(阻)根,排(蓄)水设施
	边坡基础	锚杆及防护网安装,铺笼砖
	一般性种植	种植穴,栽植,草坪播种,分栽,草卷、草块铺设
	大规格苗木移植	掘苗及包装,种植穴,栽植
	坡面绿化	喷播,栽植,分栽
	苗木养护	围堰,支撑,浇灌水,树木修剪
景观构筑物及其他造景	无支护土方	土方开挖,土方回填
	地基及基础处理	灰土地基,砂和砂石地基,碎砖三合土地基
	混凝土基础	模板,钢筋,混凝土
	砌体基础	砖砌体,混凝土砌块砌体,石砌体
	桩基	混凝土预制桩,混凝土灌注桩
	混凝土结构	模板,钢筋,混凝土
	砌体结构	砖砌体,石砌体,叠山
	钢结构	钢结构焊接,紧固件连接,单层钢结构安装,钢构件组装
	木结构	方木和原木结构,木结构防护
	基础防水	防水混凝土,水泥砂浆防水,卷材防水,涂料防水,防水毯防水
	地面	水泥混凝土面层,砖面层,石面层,料石面层,木地板面层
	墙面	饰面砖,饰面板
	顶面	玻璃,阳光板
	涂饰	水性涂料涂饰,溶剂型涂料涂饰,美术涂饰
	仿古油饰	地仗,油漆,贴金,大漆,打蜡,花色墙边
	仿古彩画	大木彩绘,斗拱彩绘,天花,枝条彩绘,楣子,芽子雀替,花活彩绘,橼头彩绘
	园林简易设施安装	果皮箱,座椅(凳),牌示,雕塑雕刻,塑山,绿地护栏
	花坛布置	立体骨架,花卉摆放

分部/子分部		分项
园林铺地	地基及基础	混凝土基层，灰土基层，碎石基层，砂石基层，双灰基层
	面层	混凝土面层、砖面层，料石面层，花岗石面层，卵石面层，木铺装面层，路缘石(道牙)
园林给水排水	园林给水	管沟，井室，管道安装
	园林排水	排水盲沟，管沟，井池，管道安装
	园林喷灌	管沟，井室，管道安装，设备安装
电气照明安装	电气动力	成套配电柜，控制柜(屏、台)和动力配电箱(盘)及控制柜安装，低压电动机，接线，低压电气动力设备检测、试验和空载试运行，电线、电缆穿管和线槽敷设，电缆头制作、导线连接和线路电气试验，插座、开关、风扇安装
	电气照明安装	成套配电柜，控制柜(屏、台)和照明配电箱(盘)及控制柜安装，低压电动机，接线，电线、电缆导管和线槽敷设，电缆头制作、导线连接和线路电气试验，灯具安装，插座、开关、风扇安装，照明通电试运行

三、施工质量验收记录的编制

1. 检验批质量验收记录

(1)检验批质量验收流程。检验批施工完成，施工单位自检合格后，由项目专业质量检查员填报《检验批质量验收记录表》。检验批质量验收应由专业监理工程师(建设单位项目专业技术负责人)组织项目专业质量检查员等进行验收并签认。检验批质量验收流程如图18-2所示。

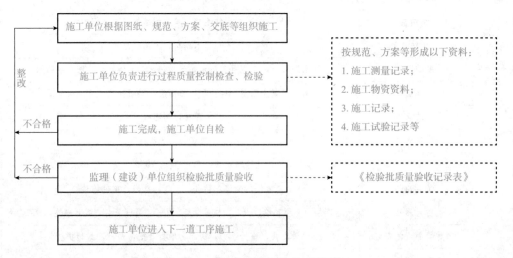

图 18-2　检验批质量验收流程图

(2)检验批质量验收合格的条件。根据《建筑工程施工质量验收统一标准》(GB 50300—2013)中检验批质量验收合格的条件为。

1)主控项目的质量经抽样检验均应合格。

2)一般项目的质量经抽样检验合格。当采用计数抽样时,合格点率应符合有关专业验收规范的规定,且不得存在严重缺陷。对于计数抽样的一般项目,正常检验一次、二次抽样可按标准判定。

3)具有完整的施工操作依据、质量检查记录。

对于计数抽样的一般项目,正常检验一次抽样按表18-6判定;正常检验二次抽样可按表18-7判定。抽样方案应在抽样前确定。样本容量在表18-6或表18-7给出的数值之间时,合格判定数可通过插值并四舍五入取整确定。

表18-6 一般项目正常检验一次抽样判定

样本容量	合格判定数	不合格判定数	样本容量	合格判定数	不合格判定数
5	1	2	32	7	8
8	2	3	50	10	11
13	3	4	80	14	15
20	5	6	125	21	22

表18-7 一般项目正常检验二次抽样判定

抽样次数	样本容量	合格判定数	不合格判定数	抽样次数	样本容量	合格判定数	不合格判定数
(1)	3	0	2	(1)	20	3	6
(2)	6	1	2	(2)	40	9	10
(1)	5	0	3	(1)	32	5	9
(2)	10	3	4	(2)	64	12	13
(1)	8	1	3	(1)	50	7	11
(2)	16	4	5	(2)	100	18	19
(1)	13	2	5	(1)	80	11	16
(2)	26	6	7	(2)	160	26	27

注:(1)和(2)表示抽样次数,(2)对应的样本容量为两次抽样的累计数量。

(3)检验批质量验收记录编制要求。

1)表头的填写。

①单位工程名称:按合同文件上的单位工程名称填写。

②分项工程名称:按验收规范划定的分项工程名称填写。

③验收部位:是指一个分项工程中验收的那个检验批的抽样范围,要按实际情况标清楚。

④施工执行标准名称及编号:应填写施工所执行的工艺标准的名称及编号,例如,

可以填写所采用的企业标准、地方标准、行业标准或国家标准；如果未用上述标准，也可填写实际采用的施工技术方案等依据，填写时要将标准名称及编号填写齐全，此栏不应填写验收标准。

⑤施工单位/分包单位名称宜写全称，并与合同上章名称一致，项目负责人为施工单位/分包单位指定负责人。

⑥表头签字处不需要本人签字的地方，由填表人填写即可，只是标明具体的负责人。

2)"施工质量验收规范的规定"栏。填写"施工质量验收规范的规定"栏制表时，按以下4种情况填写：

①直接写入。将主控项目、一般项目的要求写入。

②简化描述。将质量要求作简化描述，作为检查提示。

③写入条文号。当文字较多时，只将引用标准规范的条文号写入。

④写入允许偏差。对定量要求，将允许偏差直接写入。

3)"施工单位检查评定记录"栏。填写"施工单位检查评定记录"栏应遵守下列要求。

①对定量检查项目，当检查点少时，可直接在表中填写检查数据；当检查点数较多填写不下时，可以在表中填写综合结论，如"共检查 20 处，平均 4 mm，最大 7 mm"，"共检 36 处，全部合格"等字样，此时应将原始检查记录附在表后。

②对定性类检查项目，可填写"符合要求"或用符号表示，打"√"或打"×"。

③对既有定性又有定量的项目，当各个子项目质量均符合规范规定时，可填写"符合要求"或打"√"，不符合要求时打"×"。

④无此项内容时用打"/"来标注。

⑤在一般项目中，规范对合格点百分率有要求的项目，也可填写达到要求的检查点的百分率。

⑥对混凝土、砂浆强度等级，可先填报告份数和编号，待试件养护至 28 天试压后，再对检验批进行判定和验收，应将试验报告附在验收表后。

⑦主控项目不得出现"×"，当出现打"×"时，应进行返工修理，使之达到合格；一般项目不得出现超过 20％的检查点打"×"，否则应进行返工修理。

⑧有数据的项目，将实际测量的数值填入格内。"施工单位检查评定记录"栏应由质量检查员填写。填写内容可为"合格"或"符合要求"，也可为"检查工程主控项目、一般项目均符合《××质量验收规范》(GB××—××)的要求，评定合格"等。质量检查员代表企业逐项检查评定合格后，应如实填表并签字，然后交监理工程师或建设单位项目专业技术负责人验收。

4)"监理单位验收记录"栏。

验收前，监理人员应采用平行、旁站或巡回等方法进行监理，对施工质量抽查，对重要项目做见证检测，对新开工程、首件产品或样板间等进行全面检查。以全面了解所监理工程的质量水平、质量控制措施是否有效及实际执行情况，做到心中有数。

在检验批验收时，监理工程师应与施工单位质量检查员共同检查验收。监理人员应对主控项目、一般项目按照施工质量验收规范的规定逐项抽查验收。应注意：监理工程师应该独立得出是否符合要求的结论，并对得出的验收结论承担责任。对不符合施工质量验收规范规定的项目，暂不填写，待处理后再验收，但应作出标记。

5)"监理单位验收结论"栏。应由专业监理工程师或建设单位项目专业技术负责人填写。

填写前，应对"主控项目""一般项目"按照施工质量验收规范的规定逐项抽查验收，独立得出验收结论。认为验收合格，应签注"同意施工单位评定结果，验收合格"。

如果检验批中含有混凝土、砂浆试件强度验收等内容，应待试验报告出来后再作判定。

2. 分项工程质量验收记录

(1)分项工程质量验收流程。分项工程完成(分项工程所含的检验批均已完工)施工单位自检合格后，应填报《分项工程质量验收记录表》和《分项/分部工程施工报验表》。分项工程质量验收应由专业监理工程师(建设单位项目专业技术负责人)组织项目专业技术负责人等进行验收并签认。分项工程质量验收流程如图18-3所示。

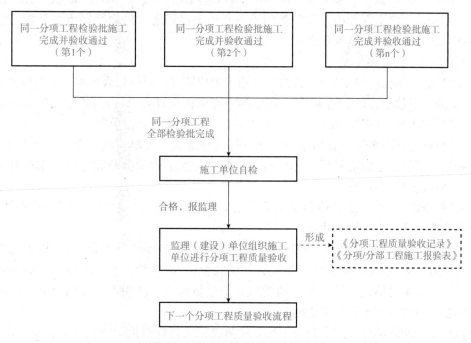

图18-3 分项工程质量验收流程图

(2)分项工程质量验收合格的条件。《建筑工程施工质量验收统一标准》(GB 50300—2013)中分项工程质量验收合格的条件如下。

1)分项工程所含的检验批质量均应验收合格。

2)分项工程所含的检验批的质量验收记录应完整。

分项工程质量验收是在检验批验收的基础上进行的，是一个核查过程，没有实体验收内容，所以在验收分项工程时应注意以下事项。

1)所含的检验批是否全部验收合格，有无遗漏。

2)各检验批所覆盖的区段和所含的内容有无遗漏，所有检验批是否完全覆盖了本分项所有区段和内容，是否全部合格。

3)检查有混凝土、砂浆强度要求的检验批，到龄期后进行评定，看能否达到设计要求及规范规定。

4)所有检验批质量验收记录的内容及签字人是否正确，签字是否有效(签名人是否具备规定资格)。

(3)分项工程质量验收记录编制要求。

1)标题的确定。按照验收规范[如《园林绿化工程施工及验收规范》(DB11/T 212—2017)]规定的分部(子分部)工程与相应的分项工程、检验批划分填上所验收分项工程的名称。

2)表头部分的填写。表头的填写方法与检验批验收记录表相仿，由施工单位统一填写。

"检验批数"要填写该分项工程包含的全部检验批个数。注意，有些分项工程含有不同验收内容的检验批，如土方开挖分项工程，包含了"柱基、基坑、基槽土方开挖工程""挖方场地平整土方开挖工程""管沟土方开挖工程和地(路)面基层土方开挖工程"。"检验批数"等于所有检验批数之和。

3)施工单位自检情况。

①"检验批部位、单项、区段"栏：由施工单位填写，若一张表容纳不下可续表。

②"施工单位检查评定结果"栏：经逐项检查确认符合要求后，在"施工单位检查评定结果"栏中填写"合格"的结论，签名后交监理单位或建设单位验收。

4)"监理(建设)单位验收结论"栏。监理工程师(或建设单位项目专业技术负责人)在收到施工单位报送的资料后，逐个检查检验批，如果检验批验收合格，则在对应位置填入"验收合格"的结论。

5)"检查结论"栏。所有检验批均合格时，则在对应位置填写"合格"的检查结果，由项目专业技术负责人签字认定。

6)"验收结论"栏。专业监理工程师(或建设单位项目专业技术负责人)检查全部检验批合格后，同意验收则在对应位置填写"验收合格"的结论，并签名确认。如不同意验收，则暂不填写结论，待处理后再验收，但应做标记。注明不验收的意见，指出存在的问题，明确处理要求和完成时间。

7)检查日期的填写。因为分项工程质量验收记录是检验批验收记录的汇总，所以，分项工程质量验收记录检查日期一定是在其检验批验收记录表之后。如果含有混凝土或砂浆的检验批留置了试块，一定要等试验报告(试验合格)拿回来后才能进行分项工程质量验收记录的评定，并填写拿到试验报告当天或以后的日期。

3. 分部(子分部)工程质量验收记录

(1)分部(子分部)工程质量验收流程。分部(子分部)工程完成(分部/子分部工程所含的分项工程均已完工)施工单位自检合格后，应填报《分部(子分部)工程质量验收记录表》和《分项/分部工程施工报验表》。分部（子分部）工程质量验收应由总监理工程师（建设单位项目负责人）组织有关设计单位及施工单位项目负责人和技术、质量负责人等共同验收并签认。分部（子分部）工程质量验收流程如图 18-4 所示。

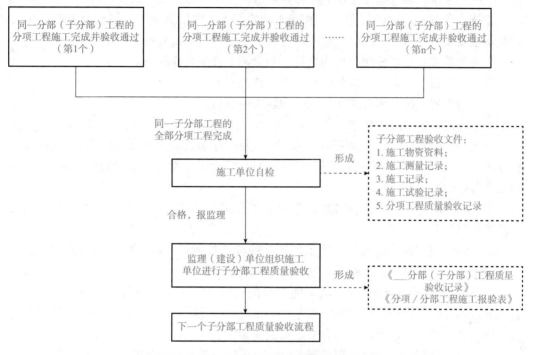

图 18-4 分部(子分部)工程质量验收流程图

（2）分部（子分部）工程质量验收合格的条件。《建筑工程施工质量验收统一标准》（GB 50300—2013）中分部（子分部）工程质量验收合格的条件如下。

1）所含分项工程的质量均应验收合格。

2）质量控制资料应完整。

3）有关安全、节能、环境保护和主要使用功能的抽样检验结果应符合相应规定。

4）观感质量应符合要求。

（3）分部（子分部）工程质量验收记录编制要求。分部（子分部）工程的验收是质量控制的一个重点。由于单位工程体量的增大，复杂程度的增加，专业施工单位的增多，为了分清责任、及时整修，分部（子分部）工程的验收就显得较为重要，以往一些到单位工程阶段进行验收的内容，如"质量控制资料""安全和功能及涉及植物成活要素检验（检测）报告""观感质量验收"等，在分部（子分部）工程的验收阶段就要进行核查，核查结果填入《分部（子分部）工程质量验收记录》。

1）标题的确定。按照验收规范［如《园林绿化工程施工及验收规范》（DB11/T 212—2017）］规定的分部（子分部）工程填上所验收分部、子分部工程的名称，然后将"分部""子分部"两者画掉其一。

2）表头部分的填写。

①单位工程名称：按合同文件上的工程名称填写全称，并与检验批、分项工程质量验收记录填入的工程名称一致。

②分项工程数量：按分项工程实际数量填写。

③施工单位：填写施工单位的全称，与合同上公章名称相一致。

④技术负责人、质量负责人：填写项目的技术、质量负责人，但地基基础、主体结构及重要安装分部(子分部)工程应填写施工单位的技术、质量部门负责人。

⑤分包单位：填写分包单位的全称，与合同上公章名称相一致。

⑥分包项目负责人：分包单位指定的项目负责人。

⑦分包内容：按分包合同文件上的内容进行填写。

3）子分部(分项)工程核查。

情况一：分部(子分部)工程质量验收记录作"子分部工程质量验收记录"使用时，标题应为"×××分部(子分部)工程质量验收记录"，子分部工程质量验收记录表中"分项工程"核查验收如下。

①"子分部(分项)工程名称"栏：按分项工程第一个检验批施工先后的顺序，填写分项工程名称。

②"检验批数"栏：填入各分项工程实际的检验批数量，即分项工程验收表上的检验批数量，并将各分项工程验收表按顺序附在表后。

③"施工单位检查评定"栏：填写施工单位自行检查评定的结果。核查分项工程是否都通过验收，自检符合要求的，可填"合格"予以确认，否则不能交给监理单位或建设单位验收，应进行返修，达到合格后再提交验收。

情况二：分部(子分部)工程质量验收记录作"分部工程质量验收记录"使用时，标题应为"×××分部(子分部)工程质量验收记录"，分部工程质量验收记录表中"子分部工程"核查验收如下。

①"子分部(分项)工程名称"栏：按子分部施工的先后顺序，填写子分部工程名称。

②"检验批数"栏：填入各子分部工程实际的检验批数量。

③"施工单位检查评定"栏：填写施工单位自行检查评定的结果。核查各子分部工程是否都通过验收，自检符合要求的，可填"合格"予以确认，否则不能交给监理单位或建设单位验收，应进行返修，达到合格后再提交验收。

4）"质量控制资料验收"栏。质量控制资料验收栏应按单位(子单位)工程质量控制资料核查记录来核查，但是各专业只需要检查该表内对应于本专业的那部分相关内容，不需要全部检查表内所列内容，也未要求在分部工程验收时填写该表。

核查时，应对资料逐项核对检查，包括查资料是否齐全，有无遗漏；查资料的内容有无不合格项；查资料横向是否相互协调一致，有无矛盾；查资料的分类整理是否符合要求，案卷目录、份数页数及装订等有无缺漏；查各项资料签字是否齐全。

当确认能够基本反映工程质量情况，达到保证结构安全和使用功能的要求，该项即可通过验收。全部项目都通过验收，即可在"施工单位检查评定"栏内打"√"或标注"检查合格"，然后送监理单位或建设单位验收，监理单位总监理工程师组织审查，如认为符合要求，则在"验收意见"栏内签注"验收合格"意见。

5)"安全和功能及涉及植物成活要素检验(检测)报告"栏。安全和功能及涉及植物成活要素检验(检测)报告栏应根据工程实际情况填写。安全和功能及涉及植物成活要素检验(检测)是指按规定或约定需要在竣工时进行抽样检测的项目。

凡能在分部(子分部)工程验收时进行检验(检测)的，应在分部(子分部)工程验收时进行检测。具体检测项目可按单位(子单位)工程"安全和功能检验资料核查及主要功能抽查记录"中相关内容在开工之前加以确定。设计有要求或合同有约定的，按要求或约定执行。

核查时，要检查开工之前确定的检测项目是否全部进行了检测。要逐一对每份检测报告进行核查，主要核查每个检测项目的检测方法、程序是否符合有关标准规定；检测结论是否达到规范的要求；检测报告的审批程序及签字是否完整等。

如果每个检测项目都通过审查，施工单位即可在检查评定栏内打"√"或标注"检查合格"。由项目经理送监理单位或建设单位验收，监理单位总监理工程师或建设单位项目技术负责人组织审查，认为符合要求后，在"验收意见"栏内签注"验收合格"意见。

6)"观感质量验收"栏。观感质量验收栏的填写应符合工程的实际情况。对观感质量的评判只作定性评判，不再作量化打分。观感质量等级分为"好""一般""差"共3档。"好""一般"均为合格；"差"为不合格，需要修理或返工。

观感质量检查的主要方法是观察。但除检查外观外，还应对能启动、运转或打开的部位进行启动或打开检查。

观感质量检查首先由施工单位项目经理组织施工单位人员进行现场检查，检查合格后填表，由项目经理签字后交监理单位验收。监理单位总监理工程师或建设单位项目专业负责人组织对观感质量进行验收，并确定观感质量等级。认为达到"好""一般"，均视为合格。在"分部(子分部)工程观感质量验收意见"栏内填写"验收合格"；评为"差"的项目，应由施工单位修理或返工。如确实无法修理，可经协商实行让步验收，并在验收表中注明。因为"让步验收"意味着工程留下永久性缺陷，故应尽量避免出现这种情况。

7)"验收记录"栏。关于验收意见栏由总监理工程师与各方协商，确认符合规定，取得一致意见后，按表中各栏分项填写。可在"验收意见"各栏填入"验收合格"。

当出现意见不一致时，应由总监理工程师与各方协商，对存在的问题，提出处理意见或解决办法，待问题解决后再填表。

8)验收单位意见。按表列参与工程建设责任单位的有关人员应亲自签名，以示负责，以便追查质量责任。

监理单位作为验收方，由总监理工程师亲自签认验收；如果按规定不委托监理单位的工程，可由建设单位项目专业负责人亲自签认验收。

4. 分项/分部工程施工报验表

在施工质量验收记录资料流程中，施工单位在完成分项工程、分部(子分部)工程自检后应分别填写《分项/分部工程施工报验表》，报请监理(建设)单位进行分项工程质量验收。编制要求如下。

（1）分项/分部工程报验续附相关证明资料，应根据报验项目具体情况提供相关过程资料，如隐蔽工程检查记录表、施工记录、施工试验记录、分项工程质量检验记录或分部（子分部）工程质量验收记录。

（2）现我方已完成_____部位的_____工程："_____部位"应结合施工图纸分区划分准确填入，"_____工程"应按施工内容填写。

（3）附件：应在相应选择框处画"√"并写明页数、编号。

（4）施工单位应由质检员及项目技术负责人复核报验内容，并签字确认。

（5）审查意见：监理工程师签署审查结论，并在"审定结论"栏下相应选择框处画"√"；分部工程应由总监理工程师签字。

学习情境十九

工程验收资料的收集与编制

学习情境描述

（1）教学情境描述：在编制工程验收资料前，资料员应熟悉工程竣工资料的分类、内容及竣工验收审批流程；熟悉项目施工图纸、施工合同、合同清单及相关备案文件；熟悉各专业工程施工工艺流程、材料特点；熟悉单位（子单位）工程验收控制要点，做好施工过程质量控制资料等的收集工作。在本学习情境中，各小组根据要求，完成《单位（子单位）工程质量竣工验收记录》《施工单位工程质量竣工报告》的编制工作。

（2）关键知识点：工程验收资料的分类；工程验收资料的编制内容、要求；工程验收资料的审批流程。

（3）关键技能点：单位（子单位）工程质量竣工验收记录、施工单位工程质量竣工报告编制；工程验收资料的收集。

学习目标

（1）掌握工程验收资料的分类、编制内容及要求。

（2）掌握工程验收资料的审批流程。

（3）能依据项目实际情况正确填写工程验收资料表格。

任务书

完成《沈阳市×××公园改造工程》工程验收资料表格的填写。

班级		组号		指导教师	
组长		学号			
组员	姓名			学号	

任务分工：

获取信息

引导问题 1：扫描右侧二维码（码 19-1），阅读其中的内容后试编制本项目《单位（子单位）工程质量竣工验收记录》《施工单位工程质量竣工报告》的资料编号。

码19-1：
引导问题1

_____

_____

_____

引导问题 2：扫描右侧二维码（码 19-2），阅读其中的内容后回答问题：工程验收资料的编制内容有哪些？在编制工程验收资料的过程中，资料员需收集哪些文件？

码19-2：
引导问题2

_____

_____

工作计划(方案)

步骤	工作内容	负责人
1		
2		
3		
4		
5		
6		
7		

进行决策

(1)各小组派代表阐述工程验收资料主要表格及表格内容。

(2)各小组派代表阐述小组分工，总结工程验收资料的编制方法。

(3)教师对各小组的完成情况进行点评，总结工程验收资料分类、表格填写原理及方法。

工作实施

码19-3：
工作实施

扫描右侧二维码(码19-3)，阅读其中的内容后，各小组参照《园林绿化工程资料管理规程》(DB11/T 712—2019)的规定，准确填写工程验收表格编号；根据项目背景资料，参照《园林绿化工程施工及验收规范》(DB11/T 212—2017)，完成表19-1、表19-2的填写。

表 19-1　施工单位工程质量竣工报告

<table>
<tr><td colspan="5" align="center">施工单位工程质量竣工报告
表 C0-12</td></tr>
<tr><td>工程名称</td><td colspan="4"></td></tr>
<tr><td>建设面积</td><td colspan="2"></td><td>工程造价</td><td></td></tr>
<tr><td>单位名称</td><td colspan="4"></td></tr>
<tr><td>单位地址</td><td colspan="4"></td></tr>
<tr><td colspan="5">质量验收意见：

</td></tr>
<tr><td colspan="3">项目负责人：</td><td>年　月　日</td><td rowspan="4">施
工
企
业
公
章</td></tr>
<tr><td colspan="3">企业质量负责人：</td><td>年　月　日</td></tr>
<tr><td colspan="3">企业技术负责人：
(总工程师)</td><td>年　月　日</td></tr>
<tr><td colspan="3">法定代表人：</td><td>年　月　日</td></tr>
</table>

表 19-2　单位(子单位)工程质量竣工验收记录表

单位(子单位)工程质量竣工验收记录
表 C0-7

工程名称						
施工单位		总工程师			开工日期	
项目负责人		项目技术负责人			竣工日期	

序号	项目	验收记录	验收结论
1	分部工程	共_____分部，经查_____分部，符合标准及设计要求_____分部	
2	质量控制资料核查	共_____项，经审查符合要求_____项，经核定符合规范要求_____项	
3	安全和主要使用功能及涉及植物成活要素核查及抽查结果	共核查_____项，符合要求_____项，共抽查_____项，符合要求_____项，经返工处理符合要求_____项	
4	观感质量验收	共抽查_____项，符合要求_____项，不符合要求_____项	
5	植物成活率	共抽查_____项，符合要求_____项，不符合要求_____项	
6	综合验收结论		

参加验收单位	建设单位（公章）项目负责人：　年　月　日	监理单位（公章）总监理工程师：　年　月　日	施工单位（公章）项目负责人：　年　月　日	设计单位（公章）项目负责人：　年　月　日

评价反馈

学生自评表

任务	完成情况记录
是否按计划时间完成	
相关理论完成情况	
技能训练情况	
材料上交情况	
收获	

学生互评表

序号	评价内容	小组互评	教师评价	总评
1	任务是否按时完成			
2	材料完成上交情况			
3	作品质量			
4	语言表达能力			
5	成员间合作面貌			
6	创新点			

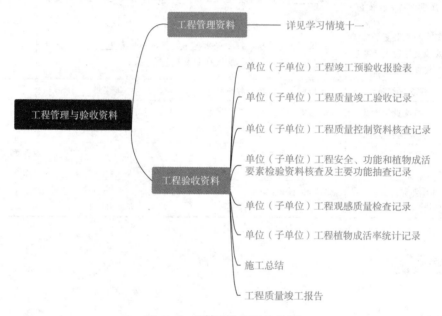

相关知识点

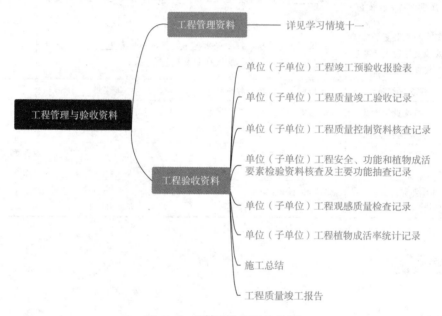 **一、工程验收资料的分类**

根据《园林绿化工程资料管理规程》(DB11/T 712—2019)中分类标准，C0 工程管理与验收资料包括工程管理资料、工程验收资料两部分(图 19-1)。其中，"工程管理资料"在"学习情境十一"中已有介绍，本节重点讲解工程验收资料的填报方法。

图 19-1　工程验收资料的分类

 二、工程验收资料的编制

1. 单位(子单位)工程竣工预验收报验表

施工单位在单位工程完工，经自检合格并达到竣工验收条件后，填写《单位(子单位)工程竣工预验收报验表》，并附相应的竣工资料(包括分包单位的竣工资料)报项目监理部，申请工程竣工预验收。

总监理工程师组织项目监理部人员与施工单位根据有关规定共同对工程进行检查验收，合格后由总监理工程师签署。

2. 单位(子单位)工程质量竣工验收记录

(1)单位(子单位)工程验收管理流程。在单位工程完工，施工单位组织自检合格后，应报请监理单位进行工程预验收，通过后向建设单位提交工程竣工报告并填报单位(子单位)工程质量竣工验收记录。单位(子单位)工程验收管理流程如图 19-2 所示。

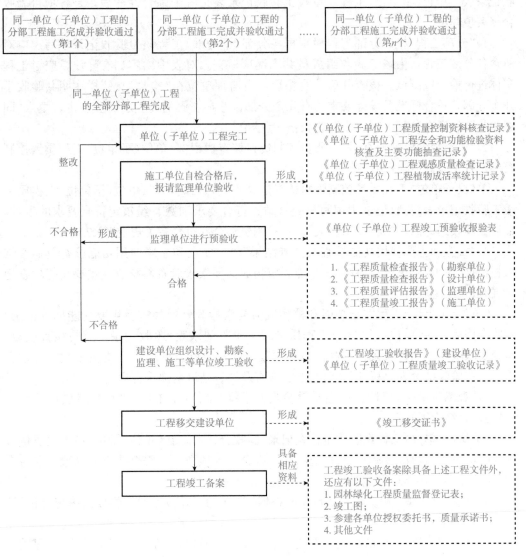

图 19-2　单位(子单位)工程验收管理流程图

（2）单位(子单位)工程质量验收合格的条件。《园林绿化工程施工验收规范》(DB11/T 212—2017)中单位(子单位)工程质量验收合格的条件如下。

1）所含分部工程的质量均应验收合格。

2）质量控制资料应完整。

3）所含分部工程中有关安全、节能、环境保护和主要使用功能的检验资料应完整。

4）主要使用功能的抽查结果应符合相关专业验收规范的规定。

5）观感质量应符合要求。

（3）单位(子单位)工程质量竣工验收记录编制要求。单位(子单位)工程质量竣工验收项目由"分部工程""质量控制资料核查""安全和主要使用功能及涉及植物成活要素核查及抽查结果""观感质量验收""植物成活率"五部分组成，每项内容都有各自的专门验收记录表。单位(子单位)工程质量竣工验收记录表是一个综合性的表，是各项目验收合格后填写的。

1)"分部工程"栏。分部工程栏根据各分部(子分部)工程质量验收记录填写。应对所含各分部工程，由竣工验收组成员共同逐项核查。对表中内容如有异议，应对工程实体进行检查或测试。核查并确认合格后，由监理单位在"验收记录"栏注明共验收了几个分部，符合标准及设计要求的有几个分部，并在右侧的"验收结论"栏内，填入"同意验收"或"所有分部工程质量验收合格"等结论。

2)"质量控制资料核查"栏。质量控制资料核查栏根据《单位(子单位)工程质量控制资料核查记录》的核查结论填写。

单位(子单位)工程质量控制资料核查记录验收合格后，在《单位(子单位)工程质量竣工验收记录表》验收记录中填写核查项数、符合要求项数、经核定符合要求的项数，最后在验收结论内填"同意验收"或"质量控制资料全部符合有关规定"等结论。

3)"安全和主要使用功能核查及抽查结果"栏。安全和主要使用功能核查及抽查结果栏根据《单位(子单位)工程安全功能和植物成活要素检验资料核查及主要功能抽查记录》的核查结论填写。

《单位(子单位)工程安全功能和植物成活要素检验资料核查及主要功能抽查记录》验收合格后，在《单位(子单位)工程质量竣工验收记录表》验收记录中填写核查项数、符合要求项数、抽查项数、不符合要求项数，以及经返工处理符合要去项数，全数合格后，在验收结论内填写"同意验收"或"核查及抽查结果全部符合规定"等结论。

4)"观感质量验收"栏。观感质量验收栏根据《单位(子单位)工程观感质量检查记录》的检查结论填写。

《单位(子单位)工程观感质量检查记录》验收合格后，在《单位(子单位)工程质量竣工验收记录表》验收记录中填写抽查项数、符合要求项数、不符合要求的项数，最后在验收结论内填"同意验收"或"好""一般""差"等结论。

5)"植物成活率"栏。植物成活率栏根据《单位(子单位)工程植物成活率统计记录》的核查结论填写。

《单位(子单位)工程植物成活率统计记录》验收合格后，在《单位(子单位)工程质量竣工验收记录表》验收记录中填写抽查项数、符合要求项数、不符合要求项数，最后在验收结论内填写"同意验收"或"植物成活率符合设计及规范要求"等结论。

6)"综合验收结论"栏。综合验收结论栏应由参加验收各方共同商定，并由建设单位填写，主要对工程质量是否符合设计和规范要求及总体质量水平作出评价。

7)"参加验收单位"栏。建设单位、监理单位、施工单位、设计单位同意验收时，各单位在指定位置加盖公章，各单位的单位项目负责人签字，并注明签字验收的日期。

3. 单位(子单位)工程质量控制资料核查记录

(1)单位(子单位)工程质量控制资料核查项目。单位(子单位)工程质量控制资料是单位工程综合验收的一项重要内容，是单位工程包含的有关分项工程中检验批主控项目、一般项目要求内容的汇总表。

建设单位组织由各方代表组成的验收组成员，或委托总监理工程师，按照单位(子单位)工程质量控制资料核查记录的内容，对资料进行逐项核查。确认符合要求后，在单位(子单位)工程质量竣工验收记录右侧的"验收记录"栏内填写具体验收结论。单位(子单位)工程质量控制资料核查项目见表19-3。

表19-3　单位(子单位)工程质量控制资料核查项目表

项目	序号	资料名称	备注
绿化种植	1	图纸会审、设计变更、洽商记录、定点放线记录	
	2	园林植物进场检验记录，以及材料出厂合格证书和进场检验记录	
	3	隐蔽工程检查记录及相关材料检测试验记录	
	4	种子发芽率试验报告、种植土检测报告	
	5	分项、分部工程质量验收记录	
	6	新材料、新工艺施工记录	
园林景观构筑物及其他造景	1	图纸会审、设计变更、洽商记录	
	2	工程定位测量、放线记录	
	3	原材料出厂合格证书及进场检(试)验报告	
	4	施工试验报告及见证检测报告	
	5	隐蔽工程检查记录	
	6	预制构件、预拌混凝土合格证	
	7	地基、基础主体结构检验及抽样检测资料	
	8	分项、分部工程质量验收记录	
	9	工程质量事故及事故调查处理资料	
	10	新材料、新工艺施工记录	
园林铺地	1	图纸会审、设计变更、洽商记录	
	2	工程定位测量、放线记录	
	3	原材料出厂合格证书及进场检(试)验报告	
	4	施工试验报告及见证检测报告	
	5	隐蔽工程检查记录	
	6	预制构件、预拌混凝土合格证	
	7	地基、基础主体结构检验及抽样检测资料	
	8	分项、分部工程质量验收记录	
	9	工程质量事故及事故调查处理资料	
	10	新材料、新工艺施工记录	
园林给水排水	1	图纸会审、设计变更、洽商记录	
	2	材料、配件出厂合格证书及进场检验(试验)报告	
	3	管道、设备强度试验、严密性试验记录	
	4	隐蔽工程检查记录	
	5	灌水、通水试验记录	
	6	分项、分部工程质量验收记录	
	7	新材料、新工艺施工记录	

项目	序号	资料名称	备注
园林用电	1	图纸会审、设计变更、洽商记录	
	2	材料、配件出厂合格证书及进场检(试)验报告	
	3	设备调试记录	
	4	接地、绝缘电阻测试记录	
	5	隐蔽工程验收记录	
	6	分项、分部工程质量验收记录	
	7	新材料、新工艺施工记录	

(2)单位(子单位)工程质量控制资料核查记录编制要求。

1)单位(子单位)工程质量控制资料核查记录由施工单位按照所列质量控制资料的种类、名称进行检查，并填写份数，然后提交给监理单位验收。

2)本表其他各栏内容均由监理单位进行核查，独立得出核查结论。合格后填写具体核查意见，如齐全，具体核查人在"核查人"栏签字。

3)总监理工程师在"结论"栏里填写综合性结论。

4)施工单位项目经理在"结论"栏里签字确认。

4. 单位(子单位)工程安全功能和植物成活要素检验资料核查及主要功能抽查记录

(1)单位(子单位)工程安全功能和植物成活要素检验资料核查及主要功能抽查核查项目。施工验收对能否满足安全和使用功能的项目(表19-4)进行强化验收，对主要项目进行抽查记录，形成单位(子单位)工程安全功能和植物成活要素检验资料核查及主要功能抽查记录。

对于分部工程验收时已经进行了安全和功能检测的项目，单位工程验收时不再重复检测，但要核查以下内容。

1)单位工程验收时按规定、约定或设计要求，需要进行的安全功能抽测项目是否都进行了检测。

2)具体检测项目有无遗漏。

3)抽测的程序、方法是否符合规定。

4)抽测结论是否达到设计及规范规定。

经核查认为符合要求的，在单位(子单位)工程质量竣工验收记录中的"验收结论"栏填入符合要求的结论。如果发现某些抽测项目不全，或抽测结果达不到设计要求，可进行返工处理，使之达到要求。

表19-4　单位(子单位)工程安全功能和植物成活要素
检验资料核查及主要功能抽查项目表

序号	安全和功能检查项目	备注
1	有防水要求的淋(蓄)水试验记录	
2	园林景观构筑物沉降观测测量记录	

序号	安全和功能检查项目		备注
3	园林景观桥荷载通行试验记录		
4	喷泉水景效果检查记录		
5	给水管道通水试验记录		
6	给水管道水压试验记录		
7	污水管道闭水试验记录		
8	照明全负荷试验记录		
9	夜景灯光效果检查记录		
10	电气绝缘电阻测试记录		
11	电气接地电阻测试记录		
12	电气接地装置隐检/测试记录		
13	系统试运行记录		
14	种植土检测报告		
15	种子发芽试验记录		

(2)单位(子单位)工程安全功能和植物成活要素检验资料核查及主要功能抽查记录编制要求。

1)单位(子单位)工程安全功能和植物成活要素检验资料核查及主要功能抽查记录由施工单位按所列内容检查并填写份数后,提交给监理单位。

2)本表其他栏目由总监理工程师或建设单位项目负责人组织核查、抽查并由监理单位填写。

3)监理单位经核查和抽查合格,由总监理工程师在表中"结论"栏填写综合性验收结论,并由施工单位项目经理签字确认。

4)安全和功能的检测,如条件具备,应在分部工程验收时进行。分部工程验收时凡已经做过的安全和功能检测项目,单位工程竣工验收时不再重复检测,只核查检测报告是否符合有关规定。

5)其他抽查项目由验收组协商确定。

5. 单位(子单位)工程观感质量检查记录

(1)单位(子单位)工程观感质量检查项目。工程质量观感检查是工程竣工后进行的一项重要验收工作,是对工程的一个全面检查。观感质量核查项目见表 19-5。

参加验收的各方代表,在建设单位主持下,对观感质量抽查,共同作出评价。如确认没有影响结构安全和使用功能的项目,符合或基本符合规范要求,应评价为"好"或"一般"。如果某项观感质量被评价为"差",则应进行修理。如果确难修理时,只要不影响结构安全和使用功能的,可采用协商解决的方法进行验收,并在验收表上注明。

(2)单位(子单位)工程观感质量检查记录编制要求。

1)单位(子单位)工程观感质量检查记录由总监理工程师组织参加验收的各方代表，进行实际检查，协商得出质量评价、综合评价和验收结论意见。

表 19-5 单位(子单位)工程观感质量检查项目表

序号	观感质量检查项目		备注
1	绿化种植工程	生长势	
		形态	
		朝向	
		植物配置	
		景观效果	
2	园林景观构筑物及其他造景	整洁度	
		外观效果	
3	园林铺地	整洁度	
		外观效果	
4	园林给水排水	效果	
5	园林用电	效果	

2)单位工程的质量观感验收，分为"好""一般""差"三个等级，检查的方法、程序及标准等与分部工程相同，属于综合性验收。质量评价为"差"的项目，应进行返修。

6. 单位(子单位)工程植物成活率统计记录

植物成活率统计采用"单位(子单位)工程植物成活率统计记录"进行验收。由施工单位检查合格，再提交监理单位验收。由总监理工程师或建设单位项目负责人组织审查，符合要求后，在结论栏内填写"同意验收"或"符合质量验收规范要求，验收合格"等结论。编制要求如下。

(1)植物成活率统计应区分不同植物类别，如常绿乔木、落叶乔木、常绿灌木、落叶灌木、绿篱、色带(块)、花卉、攀援植物、水生植物、竹子、草坪等。

(2)树木花卉按株统计，草坪按覆盖率统计。抽查项目由验收组协商确定。

7. 施工总结

施工总结是在园林工程项目结束后对施工阶段进行经验总结、评估，总结出优点、缺点及解决方案的过程。

工程竣工后，可根据工程性质、特点就以下几个方面进行总结。

(1)管理方面：根据工程特点与难点，从项目的现场安全文明施工管理、质量管理、工期控制、合约成本控制、总承包控制等方面进行总结。

(2)技术方面：本工程采用主要技术措施的应用，特别是新技术、新材料、新工艺、新施工方法推广应用情况。

(3)经验方面：施工过程中的各种经验教训。

8. 施工单位工程质量竣工报告

工程完工后由施工单位编写《工程质量竣工报告》，编制内容如下。

(1)工程概况：工程名称，工程地址，工程类型及特点，主要工程量，建设、勘察、设计、监理、施工(含分包)单位名称，施工单位项目经理、技术负责人、质量管理负责人等情况。

(2)工程施工过程：开工、完工日期，主要/重点施工过程的简要描述。

(3)合同及设计约定施工项目的完成情况。

(4)工程质量自检情况：评定工程质量采用的标准，自评的工程质量结果(对施工主要环节质量的检查结果，有关检测项目的检测情况、质量检测结果，功能性试验结果，施工技术资料和施工管理资料情况)。

(5)主要设备调试情况。

(6)其他需要说明的事项：有无甩项，有无质量遗留问题，需说明的其他问题，园林行政主管部门及其委托的工程质量监督机构等有关部门责令整改问题的整改情况。

(7)经质量自检，工程是否具备竣工验收条件。

(8)施工单位项目经理、单位负责人签字，并加盖单位公章，填写报告日期。

※ 模块小结

本模块贴合工作实际，学生在完成任务的过程中掌握了工程管理与验收资料、施工管理资料、施工技术文件、施工物资资料、施工测量记录等方面的专业知识，能够按专业规范要求完成施工资料的收集整理、编制、组卷与归档工作。培养了学生遵守法律法规、认真仔细、精益求精的职业习惯。

※ 课后习题

一、单选题

1. 工程技术资料的形成，主要靠(　　)收集、整理、编制成册。

　　A. 施工员　　　　　B. 资料员　　　　　C. 安全员　　　　　D. 监理员

2. 施工单位应按规定填写施工现场质量管理检查记录，报(　　)检查，并作出检查结论。

　　A. 施工单位项目经理　　　　　　　B. 施工单位技术负责人

　　C. 监理单位总监理工程师　　　　　D. 设计单位总负责人

3. 图纸会审会议中，(　　)负责将设计交底内容按专业汇总、整理、形成图纸会审记录。

　　A. 设计单位　　　　B. 建设单位　　　　C. 施工单位　　　　D. 监理单位

4. 材料、构配件进场检验记录应由(　　)填写。

　　A. 施工单位　　　　B. 建设单位　　　　C. 监理单位　　　　D. 设计单位

5. 国家标准或地方法规规定，实行见证取样、构配件、工程实体检验等均必须实行见证取样、送样并签字及盖章。见证员一般由（　　）担任。

    A. 监理人员　　　　　　　　　　　B. 施工单位施工员

    C. 施工工长　　　　　　　　　　　D. 施工单位质检员

6. 砂浆施工前，应有按规定留置的龄期为（　　）天标准养护试块的抗压强度试验报告。

    A. 24　　　　　　　　　　　　　　B. 14

    C. 28　　　　　　　　　　　　　　D. 20

7. 园林工程施工质量验收过程中，最小的验收单元是（　　）。

    A. 分部工程　　　　　　　　　　　B. 分项工程

    C. 单位工程　　　　　　　　　　　D. 检验批

8. （　　）是在检验批验收合格的基础上进行。通常起一个归纳整理的作用，主要是一个统计表。

    A. 单位工程　　　　　　　　　　　B. 子分部工程

    C. 分项工程　　　　　　　　　　　D. 分部工程

9. 观感质量验收，这类检查结果往往难以定量，只能以观察、触摸或简单量测得方式进行，并由各人的主观印象决定，检查结果是综合给出（　　）的质量评价。

    A. 好、一般、差　　　　　　　　　B. 合格、基本合格、不合格

    C. 100分、85分、60分　　　　　　D. 优、良、及格

10. （　　）由五部分组成，每一项内容都有各自的专门验收记录表，是一个综合性的表，是各项目验收合格后填写的。

    A. 分部工程质量验收记录　　　　　B. 单位工程质量验收记录

    C. 检验批质量验收记录　　　　　　D. 分项工程质量验收记录

二、多选题

1. 以下属于施工技术资料的是（　　）。

    A. 施工组织设计　　　　　　　　　B. 图纸会审记录

    C. 技术交底记录　　　　　　　　　D. 隐蔽工程检查记录

    E. 安全交底记录

2. 工程变更包括（　　）等，原则上有变更必须有洽商。

    A. 工程量变更　　　　　　　　　　B. 工程项目变更

    C. 进度计划的变更　　　　　　　　D. 施工条件的变更

3. 图纸会审会议由建设单位组织（　　）技术负责人和有关人员参加。

    A. 设计单位　　　B. 监理单位　　　C. 施工单位　　　D. 勘察单位

4. 检验批质量验收过程中，包括对（　　）质量的验收。

    A. 主控项目　　　B. 特殊项目　　　C. 单位项目　　　D. 一般项目

三、判断题

1. 工程联系单可视为对某事、某措施可行与否、变更替换或代替等的请求函件。甲、乙双方的联系单反映出一个工程的进展过程，是索赔等强有力的证明材料。（　　）

2. 图纸会审记录应根据专业(绿化种植、园林建筑及附属设施、园林给水排水、园林用电等)汇总、整理。(　　　)

3. 工程物资(包括主要原材料、成品、半成品、构配件、设备等)质量必须合格，并有出厂质量证明文件(包括质量合格证明文件或检验/试验报告、产品生产许可证、产品合格证、产品监督检验报告等)，进口物资还应有进口商检证明文件。(　　　)

4. 对于需要进场复试的物资，由监理单位及时取样后送至规定的检测单位，检测单位根据相关标准进行试验后填写材料试验报告并返还监理单位。(　　　)

5. 隐蔽工程是指被下一道工序或下一个部位施工完成后所隐蔽(掩盖)的工程项目。(　　　)

拓展天地

三元桥，位于北京市朝阳区三环路东北角转弯处，是东三环与北三环的交界点。三环主路在桥上通过，是北京市的重要交通枢纽。该桥建成于 1984 年，是北京市第一个荣获国家银质奖的立交桥工程。

2015 年 10 月，由于长期超荷载运行及外部环境影响，主梁及桥面板损坏严重。经检测，桥梁承载力明显下降，根据相关的国家行业标准，被评定为 D 级(不合格状态)。为确保桥梁设施运行安全，北京市交通委决定对该桥进行大修，以消除桥梁存在的安全隐患。

三元桥改造工程项目整片旧桥面 2 900 吨，而驮梁车最大承重 2 000 吨，因此需要先切割掉两侧的 1 300 吨桥面，用吊车吊走，之后再用驮梁车驮走剩余旧桥面。此次工程施工难度在国内首屈一指，涉及大型机械大约 100 台次，施工人员近千人，指挥调度极其复杂。仅桥梁工程师就有 24 名。

2015 年 11 月 14 日凌晨 3 点，桥梁改造工程正式开始，而整体置换工作仅仅持续了 43 小时就宣告结束。这次换梁创造了历史，在大城市重要交通节点上一次性完成了大型桥梁的整体置换架设，在国内属首次、在国际上技术领先。

市交通委主任周正宇表示，"我们成功地运用千吨级驮运架一体机实现了 1 350 吨桥梁整体换梁，创造了大吨位整体换梁新技术范例，创造了新的北京建桥速度"。对于此次三元桥改造工程的速度，外国网友纷纷留言惊呼"震惊"，表示"在我的国家要花 3 年才能建成""对中国肃然起敬""全世界都对中国刮目相看"。

三元桥改造工程体现了我们国家"基建狂魔"的特长，在工程项目管理上能够高效统筹、资源整合，展现了强大的工程建设实力；同时，该项目由政府主导，国企牵头，各方参与，集中力量办大事，是我们国家社会主义制度优势的充分体现，值得我们骄傲和自豪。

码模块三：
三元桥

码模块三：
拓展天地1

码模块三：
拓展天地2

习题答案

模块一

一、填空题

1. 投标签约、施工准备、施工阶段、竣工验收、用后服务

2. 招标、投标、定标；定标

3. 确定工种、确定工期、绘制框图、检查调整

4. 水通、路通、电通、通信通、场地平整

5. 施工单位、建设单位

二、单选题

BBDBD

三、思考与实训

1. 事件 1：可以提出工期和费用补偿，因为提供可靠电源是甲方的责任。

事件 2：不可提出工期和费用补偿，因为保证工程质量是乙方的责任，其措施费由乙方承担。

事件 3：可提出工期和费用补偿，因为设计变更是甲方的责任。

2. 事件 3：按原单价结算的工程量：$1\,000 \text{ m}^2 \times (1 + 10\%) = 1\,100(\text{m}^2)$

按新单价结算的工程量：$1\,500 - 1\,100 = 400(\text{m}^2)$

结算价：$1\,100 \text{ m}^2 \times 80 \text{ 元/m}^2 + 400 \text{ m}^2 \times 73 \text{ 元/m}^2 = 117\,200(\text{元})$。

模块二

一、填空题

1. 人、材料、机械、环境、方法

2. 实测法、目测法、实验法

3. 直接成本、间接成本

4. 顺序施工、平行施工、流水施工

5. 8 000；12

二、单选题

BBCAA

三、问答题

1. 隐蔽工程：凡是被后续施工所覆盖的施工内容均属于隐蔽工程。工程中常见的隐蔽工程有路槽、道路垫层、地下管线、钢筋混凝土中的钢筋等。在施工过程中，隐蔽工程完工后，必须填写隐蔽工程验收单，由监理验收合格后方可进行下一步的施工。

2. 工人操作不当；管理人员之间沟通不及时；工人未进行培训；工人身体不适；管理人员遗漏重要信息等。

3. 查思想；查管理；查隐患；查整改；查事故处理。

四、思考与实训

1. 答：土球直径与树穴上口直径靠近错误，树穴上大下小错误，树穴上下口径大小要一致，应比土球直径加大 15～20 cm，深度加 10～15 cm。

2. 答：变更原因：工程环境变化。承包人应当采用书面形式向工程师提出变更，工程师进行审查并同意，发出变更指令执行。

3. 答：移植后第三天开始浇水，每天浇水一次错误，树木定植后 24 小时内必须浇上第一遍水，水要浇透，定植后持续浇水三次，之后视树木生长状况适时灌水。

4. 答：栽植时间、栽植材料的质量、采用措施。

模块三

一、单选题

BCCAD CDCBC

二、多选题

ABCDE ACD ABCD ABCD

三、判断题

√ √ √ √ √

附录 A

附表 1 园林绿化工程分部(子分部)工程划分与代号索引表

分部工程代号	分部工程名称	子分部工程代号	子分部工程名称	分项	备注
01	绿化种植	01	一般性基础	整理绿化用地,地形整理(土山、微地形),通气透水	
		02	架空绿地构造层	防水隔(阻)根,排(蓄)水设施	
		03	边坡基础	锚杆及防护网安装,铺笼砖	
		04	一般性种植	种植穴,栽植,草坪播种,分栽,草卷、草块铺设	
		05	大规格苗木移植	掘苗及包装,种植穴,栽植	
		06	坡面绿化	喷播,栽植,分栽	
		07	苗木养护	围堰,支撑,浇灌水,树木修剪	
02	园林景观构筑物及其他造景	01	无支护土方	土方开挖,土方回填	
		02	地基及基础处理	灰土地基,砂和砂石地基,碎砖三合土地基	
		03	混凝土基础	模板,钢筋,混凝土	
		04	砌体基础	砖砌体,混凝土砌块砌体,石砌体	
		05	桩基	混凝土预制桩,混凝土灌注桩	
		06	混凝土结构	模板,钢筋,混凝土	
		07	砌体结构	砖砌体,石砌体,叠山	
		08	钢结构	钢结构焊接,紧固件连接,单层钢结构安装,钢构件组装	
		09	木结构	方木和原木结构,木结构防护	
		10	基础防水	防水混凝土,水泥砂浆防水,卷材防水,涂料防水,防水毯防水	
		11	地面	水泥混凝土面层,砖面层,石面层,料石面层,木地板面层	
		12	墙面	饰面砖,饰面板	
		13	顶面	玻璃,阳光板	
		14	涂饰	水性涂料涂饰,溶剂型涂料涂饰,美术涂饰	
		15	仿古油饰	地仗,油漆,贴金,大漆,打蜡,花色墙边	

分部工程代号	分部工程名称	子分部工程代号	子分部工程名称	分项	备注
02	园林景观构筑物及其他造景	16	仿古彩画	大木彩绘，斗拱彩绘，天花，枝条彩绘，楣子，芽子雀替，花活彩绘，橡头彩绘	
		17	园林简易设施安装	果皮箱，座椅(凳)，牌示，雕塑雕刻，塑山，园林护栏	
		18	花坛设置	立体(花坛)骨架，花卉摆放	
03	园林铺地	01	地基及基础	混凝土基层，灰土基层，碎石基层，砂石基层，双灰基层	
		02	面层	混凝土面层、砖面层，料石面层，花岗石面层，卵石面层，木铺装面层，路缘石(道牙)	
04	园林给水排水	01	园林给水	管沟，井室，管道安装	
		02	园林排水	排水盲沟，管道安装，管沟，井池	
		03	园林喷灌	管沟及井室，管道安装，设备安装	
05	园林用电	01	电气动力	成套配电柜，控制柜(屏、台)和动力配电箱(盘)及控制柜安装，低压电动机，接线，低压电气动力设备检测、试验和空载试运行，电线、电缆穿管和线槽敷设，电缆头制作、导线连接和线路电气试验，插座、开关、风扇安装	
		02	电气照明安装	成套配电柜，控制柜(屏、台)和照明配电箱(盘)及控制柜安装，低压电动机，接线，电线、电缆导管和线槽敷设，电缆头制作、导线连接和线路电气试验，灯具安装，插座、开关、风扇安装，照明通电试运行	

附录 B

附表 2　施工资料分类表

类别编号	资料名称	表格编号 (或资料来源)	保存单位			
			施工单位	监理单位	建设单位	备案部门
C 类	**施工资料**					
C0	**工程管理与验收资料**					
	工程概况表	表 C0-1	●			●
	项目大事记	表 C0-2	●			
	工程质量事故记录	表 C0-3	●	●	●	
	工程质量事故调(勘)查记录	表 C0-4	●	●	●	
	工程质量事故处理记录	表 C0-5	●	●	●	
	单位(子单位)工程竣工预验收报验表	表 C0-6	○	●	●	
	单位(子单位)工程质量竣工验收记录	表 C0-7	●	●	●	●
	单位(子单位)工程质量控制资料核查记录	表 C0-8	●	○	●	
	单位(子单位)工程安全、功能和植物成活要素检验资料核查及主要功能抽查记录	表 C0-9	●	○	●	
	单位(子单位)工程观感质量检查记录	表 C0-10	●	○	●	
	单位(子单位)工程植物成活率统计记录	表 C0-11	●	○	●	
	施工总结	施工单位编制	●		●	
	工程质量竣工报告	表 C0-12	●	○	●	●
C1	**施工管理资料**					
	施工现场质量管理检查记录表	表 C1-1	●	○		
	施工日志	表 C1-2	●			
	工程开工报审表	表 C1-3	●	●	○	
	分包单位资格报审表	表 C1-4	●	●	○	
	施工进度计划报审表	表 C1-5	●	●	○	
	( )月工、料、机动态表	表 C1-6	○	○		
	工程延期申报表	表 C1-7	●	●	●	
	工程复工报审表	表 C1-8	●	●	○	
	工程进度款报审表	表 C1-9	●	●	○	

类别编号	资料名称	表格编号 （或资料来源）	保存单位			
			施工单位	监理单位	建设单位	备案部门
	工程变更费用报审表	表 C1-10	●	●	●	
	费用索赔申请表	表 C1-11	●	●	●	
	工程款支付申请表	表 C1-12	●	●	○	
	监理通知回复单	表 C1-13	●	●		
C2	**施工技术文件**					
	工程技术文件报审表	表 C2-1	●	●	○	
	施工组织设计	施工单位	●	○	●	
	施工组织设计审批表	表 C2-2	●			
	图纸会审记录	表 C2-3	●	●	●	
	设计交底记录	表 C2-4	●	●	●	
	技术交底记录	表 C2-5	●	○		
	设计变更通知单	表 C2-6	●	●	●	
	工程洽商记录	表 C2-7	●	●	●	
	安全交底记录	表 C2-8	●	○		
	安全检查记录	表 C2-9	●	○		
C3	**施工物资资料**					
	通用表格					
	工程物资进场报验表	表 C3-1	●	●	●	
	工程物资选样送审表	表 C3-2	●	●	○	
	材料、构配件进场检验记录	表 C3-3	●	○	●	
	材料试验报告(通用)	表 C3-4	●	○	●	
	设备、配(备)件开箱检验记录	表 C3-5	●	○	●	
	设备及管道附件试验记录	表 C3-6	●	○	●	
	产品合格证粘贴衬纸	表 C3-7	●	○	●	
	绿化种植工程					

类别编号	资料名称	表格编号 (或资料来源)	保存单位			
			施工单位	监理单位	建设单位	备案部门
	林木种子生产经营许可证、产地检疫合格证(本地苗木)/植物检疫证书(外埠苗木)、苗木标签	施工单位	●	○	●	
	苗木、种子进场报验表	表 C3-8	●	●	●	
	苗木进场检验记录	表 C3-9	●	○	●	
	种子进场检验记录	表 C3-10	●	○	●	
	种植土进场检验记录	表 C3-11	●	○	●	
	种植土试验报告	表 C3-12	●	○	●	
	种子发芽率试验报告	表 C3-13	●	○	●	
	园林铺地、园林景观构筑物及其他造景工程					
	各种物资出厂合格证、质量保证书	供应单位提供	●	○	●	
	预制钢筋混凝土构件出厂合格证	表 C3-14	●	○	●	
	钢构件出厂合格证	表 C3-15	●	○	●	
	水泥性能检测报告	供应单位提供	●	○	●	
	钢材性能检测报告	供应单位提供	●	○	●	
	木结构材料检测报告	供应单位提供	●	○	●	
	防水材料性能检测报告	供应单位提供	●	○	●	
	水泥试验报告	表 C3-16	●	○	●	
	砂试验报告	表 C3-17	●	○	●	
	钢材试验报告	表 C3-18	●	○	●	
	碎(卵)石试验报告	表 C3-19	●	○	●	
	防水卷材试验报告	表 C3-20	●	○	●	
	透水砖试验报告	表 C3-21	●	○	●	
	木材试验报告	试验单位提供	●	○	●	
	园林用电工程					

类别编号	资料名称	表格编号 (或资料来源)	保存单位			
			施工单位	监理单位	建设单位	备案部门
	低压成套配电柜、动力照明配电箱(盘柜)出厂合格证、生产许可证、试验记录、CCC 认证及证书复印件	供应单位提供	●	○	●	
	电动机、变频器、低压开关设备合格证、生产许可证、CCC 认证及证书复印件	供应单位提供	●	○	●	
	照明灯具、开关、插座及附件出厂合格证、CCC 认证及证书复印件	供应单位提供	●	○	●	
	电线、电缆出厂合格证、生产许可证、CCC 认证及证书复印件	供应单位提供	●	○	●	
	电缆试验报告	表 C3-22	●	○	●	
	电缆头部件及灯杆、灯柱合格证	供应单位提供	●	○	●	
	主要设备安装技术文件	供应单位提供	●	○	●	
	园林给水排水工程					
	管材产品质量证明文件、合格证	供应单位提供	●	○	●	
	主要材料、设备等产品质量合格证及检测报告	供应单位提供	●	○	●	
	排气阀、泄水阀、喷头合格证书	供应单位提供	●	○	●	
	主要设备安装使用说明书	供应单位提供	●	○	●	
	管材(管件)试验报告	供应单位提供	●	○	●	
C4	**施工测量记录**					
	施工测量定点放线报验表	表 C4-1	●	●	●	
	工程定位测量记录	表 C4-2	●	○	●	
	测量复核记录	表 C4-3	●			
	基槽验线记录	表 C4-4	●	○	●	
C5	**施工记录**					
	通用表格					

类别编号	资料名称	表格编号（或资料来源）	保存单位			
			施工单位	监理单位	建设单位	备案部门
	施工通用记录	表 C5-1	●	●	●	
	隐蔽工程检查记录	表 C5-2	●	○	●	
	交接检查记录	表 C5-3	●	●		
	绿化种植工程					
	绿化用地处理记录	表 C5-4	●	○		
	土壤改良检查记录	表 C5-5	●	●	●	●
	病虫害防治检查记录	表 C5-6	●	○		
	苗木保护记录	表 C5-7	●	○		
	园林铺地、园林景观构筑物及其他造景工程					
	地基处理记录	表 C5-8	●	●	●	
	地基钎探记录	表 C5-9	●	○	○	
	桩基施工记录（通用）	表 C5-10	●	○	○	
	砂浆配合比申请单、通知单	表 C5-11	●	○		
	混凝土浇筑申请书	表 C5-12	●	○		
	混凝土浇筑记录	表 C5-13	●	○	●	
	园林用电工程					
	电缆敷设检查记录	表 C5-14	●	○	○	
	电气照明装置安装检查记录	表 C5-15	●	○	○	
C6	**施工试验记录**					
	通用表格					
	施工试验记录（通用）	表 C6-1	●	○	●	
	园林铺地、园林景观构筑物及其他造景工程					
	土壤压实度试验记录（环刀法）	表 C6-2	●	○	●	
	土壤压实度试验记录（灌沙法）	表 C6-3	●	○	●	
	土壤最大干密度试验记录	表 C6-4	●	○	●	
	混凝土抗压强度试验报告	表 C6-5	●	○	●	

类别编号	资料名称	表格编号 (或资料来源)	保存单位			
			施工单位	监理单位	建设单位	备案部门
	砌筑砂浆抗压强度试验报告	表C6-6	●	○	●	
	混凝土抗渗试验报告	表C6-7	●	○	●	
	钢筋连接试验报告	表C6-8	●	○	●	
	防水工程试水记录	表C6-9	●	○	●	
	水池满水试验记录	表C6-10	●	○	●	
	景观桥荷载通行试验记录	表C6-11	●	○	●	
	园林给水排水工程					
	给水管道通水试验记录	表C6-12	●	○	●	
	给水管道水压试验记录	表C6-13	●	○	●	
	污水管道闭水试验记录	表C6-14	●	○	●	
	调试记录(通用)	表C6-15	●	○	●	
	园林用电工程					
	夜景灯光效果试验记录	表C6-16	●	○	●	
	设备单机试运行记录(通用)	表C6-17	●	○	●	
	电气绝缘电阻测试记录	表C6-18	●	○	●	
	电气照明全负荷试运行记录	表C6-19	●	○	●	
	电气接地电阻测试记录	表C6-20	●	○	●	
	电气接地装置隐检/测试记录	表C6-21	●	○	●	
C7	**施工质量验收记录**					
	分项/分部工程施工报验表	表C7-1	●	●	●	
	检验批质量验收记录	表C7-2	●	○	●	
	分项工程质量验收记录	表C7-3	●	○	●	
	分部(子分部)工程质量验收记录	表C7-4	●	●	●	
D	竣工图	施工单位	●		●	●
E	工程资料封面和目录					
	工程资料案卷封面	施工单位	●		●	

类别编号	资料名称	表格编号 (或资料来源)	保存单位			
			施工单位	监理单位	建设单位	备案部门
	工程资料卷内目录	施工单位	●		●	
	分项目录(一)	施工单位	●		●	
	分项目录(二)	施工单位	●		●	
	工程资料卷内备考表	施工单位	●		●	

注：●为归档保存资料；○为过程控制资料，可根据需要归档保存

参考文献

[1] 吴立威. 园林工程施工组织与管理[M]. 北京：机械工业出版社，2008.

[2] 高健丽，张义勇. 园林工程项目管理[M]. 北京：中国农业大学出版社，2019.

[3] 王福玉. 园林工程施工组织与管理[M]. 北京：中国劳动社会保障出版社，2012.

[4] 汪源. 园林工程施工组织与管理[M]. 2版. 北京：中国劳动社会保障出版社，2017.

[5] 陈科东，李宝昌. 园林工程项目施工管理[M]. 北京：科学出版社，2012.

[6] 刘义平. 园林工程施工组织管理[M]. 北京：中国建筑工业出版社，2009.

[7] 董三孝. 园林工程概预算与施工组织管理[M]. 北京：中国林业出版社，2003.

[8] 吴戈军. 园林工程项目管理[M]. 北京：化学工业出版社，2016.

[9] 王良桂. 园林工程施工与管理[M]. 南京：东南大学出版社，2009.

[10] 刘玉华，陈志明. 园林工程项目管理[M]. 北京：中国农业出版社，2010.

[11] 龙岳林，许先升. 园林建设工程管理[M]. 北京：中国林业出版社，2009.

[12] 李永红. 园林工程项目管理[M]. 2版. 北京：高等教育出版社，2012.

[13] 宁平. 园林工程资料编制从入门到精通[M]. 北京：化学工业出版社，2017.

[14] 刘剑霞，梁新莲. 建筑工程资料管理[M]. 南京：南京大学出版社，2015.

[15] 宁平，谭续，陆远吉. 资料员岗位技能图表详解[M]. 上海：上海科学技术出版社，2013.

[16] 孙刚，刘志麟. 建筑工程资料管理[M]. 2版. 北京：北京大学出版社，2018.

[17] 中华人民共和国住房和城乡建设部. CJJ 82—2012 园林绿化工程施工及验收规范[S]. 北京：中国建筑工业出版社，2012.

[18] 北京市质量技术监督局. DB11/T 212—2017 园林绿化工程施工及验收规范[S]. 北京：北京市质量技术监督局，2018.

[19] 北京市场监督管理局. DB11/T 712—2019 园林绿化工程资料管理规程[S]. 北京：北京市场监督管理局，2019.

[20] 中华人民共和国住房和城乡建设部. GB/T 50328—2014 建设工程文件归档规范（2019年版）[S]. 北京：中国建筑工业出版社，2015.

[21] 中华人民共和国住房和城乡建设部. GB 50300—2013 建筑工程施工质量验收统一标准[S]. 北京：中国建筑工业出版社，2014.